圖解 住宅尺寸全書

安全╳隱私╳舒適╳機能
打造細緻體貼的耐住宜人住宅

日本建築協會 企劃
堀野和人、黑田吏香 著
陳春名 譯

〈前言〉

　　業主或是工程公司委託設計師規劃時，多數的要求像是：客廳餐廳要20帖*大、主臥室10帖大再加上更衣間、和室6帖大等各種對房間種類和面積的要求條件。業主往往不太清楚要在各個房間裡做什麼、或是想做什麼，大部分設計師總是為如何盡量實現業主的要求而苦惱。這種情況下完成的住宅，真的能讓業主滿意嗎？

　　日本人長久以來的生活習慣是一家人在和室（客廳）裡休息、吃飯，就寢時間一到就將桌子折疊收起，鋪上睡墊。現在雖然生活方式漸漸洋化，在客廳休息、在餐廳吃飯、在臥室睡覺，變成需要有各種不同機能的房間。但是必須思考餐廳並非只是吃飯的空間，洗臉室也不只是塞進洗衣機和洗臉台的空間。

　　另外，根據家族成員人數多寡或是住宅規模大小，不太需要考量浴缸和廚具大小；然而30坪和60坪的住宅都搭配一樣大小的玄關，難免有不協調感。設計除了顧及不讓日常生活產生障礙，還必須依據住宅的規模來平衡規劃個別的房間。

　　本書將住宅區分為13個空間，針對各自空間具有的機能和要素，以淺顯易懂的方式統整出生活其間的行為應該有的合理尺寸。另外，以促進和確保住宅品質的法律《住宅性能評估》的規定為例，詳細說明從安全面或高齡者對應、隱私、採光換氣、收納等觀點，來考量合理的尺寸。

---

* 編按：1帖指1塊榻榻米，日本傳統尺寸大小為90×180公分，面積為1.62平方公尺。2帖＝1坪。
　　　1坪≒3.3平方公尺。

01

玄關・大廳

確保招待客人和生活行為
所必須的空間

1 玄關空間的設計重點

玄關是訪客最先看到的地方。確保有足夠的鞋櫃空間將鞋子收納好，能讓訪客一進門就看到乾淨整齊的玄關。另外，按照住宅的面積比例去設計玄關空間也很重要。

2 構成玄關的個別空間的特徵

玄關是由門廊、屋簷下、外玄關、大廳、收納處等空間所組成。日本有進門後脫鞋的文化，以玄關框而不是玄關大門做為內外的界線。玄關是混合著內與外的空間，有維護隱私、高低差的安全考量、門面空間等多樣機能。

3 機能和要素

玄關裡發生的生活行為和相關物品、構成空間的關係整理如下：

生活行為	相關物品	必要的構成空間
外出‧回家	鞋子、背包手提包、雨具、傘架、拖鞋、外套、鑰匙、長椅、扶手	門廊、外玄關、大廳、收納處
接待訪客	鞋子、背包手提包、雨具、拖鞋、外套、桌子、椅子	門廊、外玄關、大廳、收納處
收宅配	印鑑、放置包裹處、紙筆	外玄關、大廳、收納處
裝飾	畫、飾品、花、棚架	大廳
打扮	鏡子、鞋拔子、擦鞋用品	外玄關、大廳、收納處
保管‧用具保養	嬰兒車、助行器、輪椅、吸塵器、高爾夫球具、戶外用品、園藝用品等	外玄關、收納處

玄關的標準格局

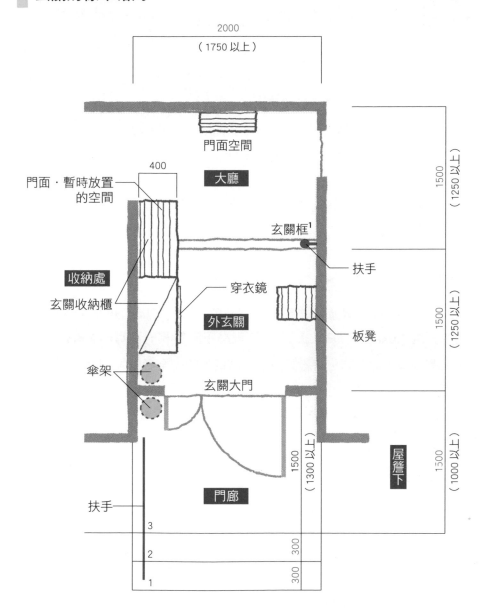

2000
（1750 以上）

門面空間

大廳

400

門面・暫時放置
的空間

玄關框[1]

扶手

收納處

玄關收納櫃

穿衣鏡

外玄關

板凳

傘架

玄關大門

1500
（1250 以上）

1500
（1250 以上）

屋簷下

1500
（1000 以上）

扶手

3

2

1

1500
（1300 以上）

300

300

門廊

註1：玄關框是在外玄關和玄關大廳之間的高低差，是過渡室內和室外的分界；「框」是指由於地板的高度改變，裝飾於側邊的橫木。

※因為隔間牆或是貼於牆面的裝飾板厚度不同，有效的尺寸也會有不同（全項通用）。

2名訪客並列的尺寸是寬2.0m × 縱深1.5m

必要空間

1 玄關門廊（2.0m×1.5m）

玄關門廊的最上階要有能讓玄關大門開關和訪客從容等待的空間。寬度是**讓2位訪客並列的尺寸2.0m**（1.75m以上）。縱深則是能輕鬆開關玄關大門的1.5m（1.25m以上）。

玄關門廊要有遮雨機能。屋簷下的尺寸要有1.5m（1.0m以上）**才不會影響傘的開闔**。

2 外玄關（2.0m×1.5m）

寬度為**2位訪客並列能行禮打招呼的尺寸**（1.2m）再加上**玄關收納櫃的寬度2.0m**（1.75m以上）。縱深就是**不影響鞠躬姿勢**的1.5m（1.25m以上）。

3 玄關大廳（2.0m×1.5m）

寬度和外玄關一樣或是更寬，縱深則是**可以接待訪客的尺寸**（0.4m）加上**通道的寬度**，要**比走廊更寬**的1.5m（1.25m以上）。

4 收納處（縱深約0.4m）

在外玄關要設置**縱深約0.4m**的**玄關收納櫃空間**，隨著必要增多的收納容量，可加大縱深（參考「01玄關·大廳5-1」）。

設置在外玄關的收納空間，除了鞋子外，還能收納高爾夫球具或是嬰兒車等（參考「01玄關·大廳4-4」）。

確保接待2名訪客的空間尺寸2.0m×1.5m

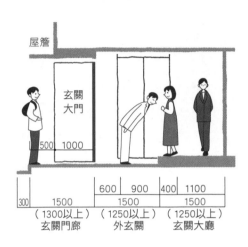

屋簷

玄關
大門

500　1000

| 300 | 1500 | 600 | 900 | 400 | 1100 |

| 1500 | 1500 | 1500 |

（1300以上）
玄關門廊

（1250以上）
外玄關

（1250以上）
玄關大廳

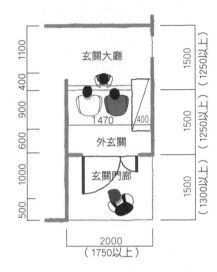

玄關大廳

外玄關

1470　　400

玄關門廊

1100　400　900　600　1000　500

1500（1250以上）　1500（1250以上）　1500（1300以上）

2000
（1750以上）

狹窄住宅的情況

狹窄住宅或是兩代同堂的雙玄關，受限於空間不足，所以勉強將外玄關和大廳規劃為寬1.5m縱深1.0m。將玄關框斜向配置，除了讓空間看起來更寬廣，也有動線誘導的效果。

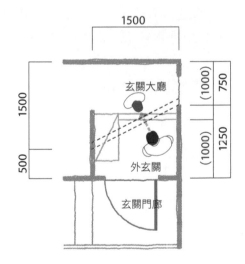

1500

1500

500

玄關大廳

外玄關

玄關門廊

（1000）　750

（1000）　1250

兼顧機能和美觀的屋簷下空間為縱深 1.0m × 高度2.4m

1 屋簷下空間的尺寸和機能

是否覺得上下車時開傘和收傘很不方便？同樣的如果屋簷下空間不足，必須邊撐傘邊開門也很不方便。屋簷下的空間尺寸要**縱深 1.0m、高度 2.4m**，以確保能在**玄關大門外開傘和收傘**。通常玄關大門較兩側牆壁退縮，若和屋簷形成的屋簷下空間的縱深有 1.5m 以上，**訪客在此等待主人應門也不會淋濕**。

2 外觀的考量

有縱深的屋簷下，形成的陰影區塊空間可讓建築物顯得厚實沉穩。如果只是單片往外伸出的屋簷或是利用 2 樓陽台下方所形成的屋簷下空間，和建築物整體缺乏一體性，會讓設計手法顯得薄弱。

3 玄關門的門軸

從大門前的通道到達玄關的便利性來規劃玄關門的門軸位置。如果從左、右側開門皆可，考慮慣用右手的人為多數，可將門軸設在右方。

若玄關大門設在內凹的轉角，門軸應設在轉角處，以減少開門時的壓迫感。

4 玄關的照明高度約 2.0m

玄關門廊的照明裝在牆面 + 2.0m 高度，**開門時不會造成影子的地方**。屋簷下裝設下照燈應該是最不影響玄關門配置的方式。另外照明的亮度至少要 30 流明（lx），即能看到**鑰匙孔和提包裡面鑰匙的程度**。

屋簷下空間機能和外觀的考量

屋簷縱深0.5m
必須邊撐傘邊開關門，玄關的意象也很薄弱。

屋簷縱深1.0m
可以在門外開闔傘。雖然可遮風擋雨，但是和整體建築缺乏一體感。

屋簷縱深1.5m
屋簷和整體建築有一體感也更美觀。訪客在門外等待時也不需要撐傘。

玄關大門、照明和門前通道的關係

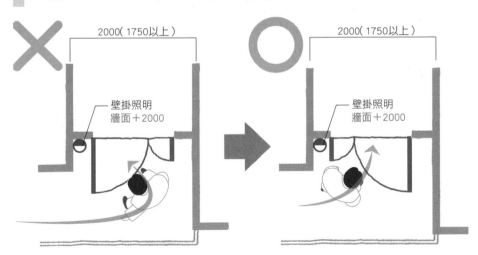

若門前通道不能順暢地進出，開門會有壓迫感。此為照明的位置造成陰影的不良範例。

此為針對建物形狀和通道方向，適當地設置玄關門和照明的良好範例。

3 為了防止事故玄關門廊的台階階高為150mm

考量安全・高齡者等

1 玄關門廊的台階階高以150mm為基準

此處在穿鞋時或是地板濕的時候容易滑倒，考量到**高齡者等訪客**，設計時應該遵守台階的階高為150mm、踏面寬度為300mm的基準。一般來說，玄關門廊通常高於路面約400mm，因此可以分成3段的台階。利用照明等設備讓人容易注意到台階，台階的踏面邊緣可使用止滑材質進一步增加安全性。併設坡道的坡度在1／7以下，如果是行走輪椅的坡道，坡度則要在1／20以下。

2 玄關大門內外的高低差，外側是20mm以下、內側是5mm以下

玄關門廊和玄關大門的門檻高低差必須低於**20mm**，門檻和外玄關的高低差則是在**5mm**以內（住宅性能評估・高齡者等考量對策等級5）[2]。

玄關大門內容易發生跌倒事故，在於人們容易忽略此處的高低差以及設計上的失誤，讓人無法在開門的同時立即注意到腳邊的高低差。因為到訪者對環境的不熟悉，此處是特別容易發生跌倒意外的危險場所。

3 外玄關和玄關大廳的高低差為180mm以內

此處的高低差應該設計在**180mm**以內（住宅性能評估・高齡者等考量對策等級5）。如果是台階設計，則有別的規範。

*註2：高齡者考量對策等級5，是指高齡者考量的評估項目中，針對高齡者在住宅內移動的安全性及照護容易度，0至5級的分級中最安全的等級。

符合住宅性能評估・高齡者等考量對策等級5（高低差）規範的範例

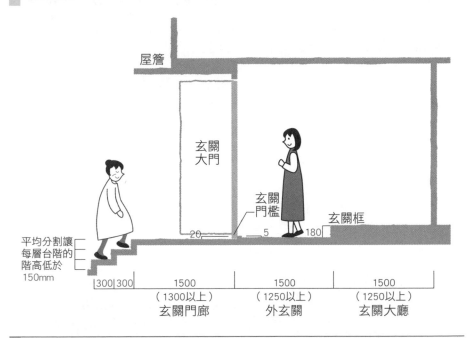

屋簷

玄關
大門

玄關
門檻

玄關框

20　　　5　　180

平均分割讓
每層台階的
階高低於
150mm

|300|300|　1500　|　1500　|　1500　|

（1300以上）
玄關門廊

（1250以上）
外玄關

（1250以上）
玄關大廳

玄關高低差造成的危險及對策

危險的玄關高低差範例

不當的玄關大門內外台階所造成的危險範例。和玄關一樣，玄關大門的內外側不能有高低差。

玄關門廊台階的範例

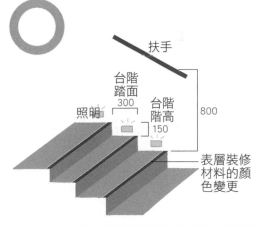

扶手

台階
踏面
300

台階
階高
150

照明

800

表層裝修
材料的顏
色變更

改變台階踏面邊緣的顏色或是設置照明，讓人立刻能注意到台階的存在。清楚照出台階的高低差所需要的照明亮度是5流明。

4 外玄關材質的選擇

避免使用石材或是光滑磁磚等容易滑倒的材質，盡量使用C.S.R值（防滑係數）0.4以上的鋪面材料。此外為了設計的一致性，在玄關門廊和外玄關的鋪面請使用同一種材料。

5 扶手的高度

玄關門廊至少單邊設置高度為800mm的連續水平扶手。

在玄關門廊進到玄關大廳的台階上部，請設置扶手以方便上下和穿脫鞋（住宅性能評估‧高齡者等考量對策等級5）。直立式扶手設置基準為FL（指地板）+750mm，長度600mm以上；水平式扶手則以FL+750mm為基準。也可以採用通用設計，設置由地板延伸到天花板的扶手，以符合所有使用者的需求。

即使目前暫時不需要扶手，考慮到將來裝設扶手的可能性，事先將牆面和地板的補強工程做好（住宅性能評估‧高齡者等考量對策等級3）。

6 玄關大門的寬度以800mm為基準

為了確保進出，請選擇寬度800mm（750mm以上）的玄關大門（住宅性能評估‧高齡者等考量對策等級5（4））。

根據門窗廠商的調查，使用一扇門板的單開門比例約90%，所以本書主要以單開門為基準。單開門和拉門各有以下特徵：即使在狹窄的地方也可以裝設單開門，氣密性、隔熱性、防盜性佳，有各種樣式可符合設計需求。拉門則因為在開關時不需要移動身體，是適合高齡者的樣式。如果玄關門廊的縱深距離狹窄，可以裝設拉門。和風風格的拉門，也有多樣的設計可供選擇。

7 設計規劃時的安全考量

各種各樣的行為會在玄關大廳裡集中發生，為了防止居家的意外事故，玄關處盡量避免設計交錯的動線。特別是樓梯的位置及其周圍門的開關方向，需要仔細的評估是否會發生衝突。

扶手的設置尺寸（外玄關和玄關大廳間的高低差）

標準直立式扶手　　　　　　　　　　通用設計的直立式扶手

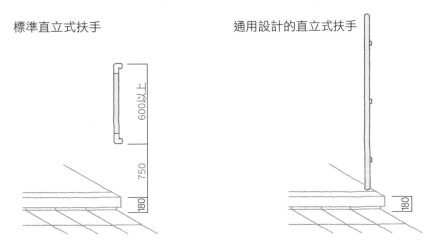

通用設計的扶手是小孩到高齡者都可以使用的高度，藉
以保持姿勢防止跌倒。

動線集中在玄關大廳的範例

以玄關大廳為中心，動線呈
現放射線狀態的範例。受限
於狹小面積的住宅，為了有
效利用空間，只好集中動線
和縮短走廊長度，但設計還
是要顧慮安全性。

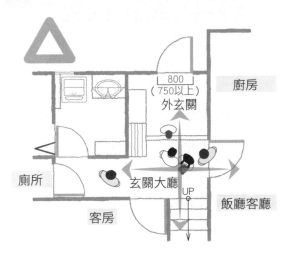

4 使用的長椅高度是外玄關＋500mm

機能考量

1 外玄關若要設置玄關長椅需要2.0m以上的寬度

玄關設置長椅除了考量高齡者和訪客的需求外，穿脫靴子等日常生活行為也會更加方便。

外玄關設置長椅後有效寬度變狹窄了，所以外玄關的寬度至少要有2.0m（建議2.25m）以上。若是寬度只有1.75m，則改用可以**摺疊收納的板凳**。

方便坐下和起立的長椅高度是外玄關地面＋500mm（玄關大廳地面＋320mm）。另外，在距離長椅400mm處設置縱向扶手，讓使用者從長椅起身的時候可以抓握。

2 穿衣鏡的高度是1.8m

為了穿鞋後可以確認全身儀容，外玄關設置穿衣鏡（外玄關地面＋1.8m為鏡子上緣）方便使用。也有在玄關收納櫃的門板後方裝設穿衣鏡的樣式。

3 傘架（角落空間300mm×300mm）

傘架的空間在角落約300mm×300mm。

4 外玄關的活用

不需脫鞋使用的外玄關空間，可以做為放置嬰兒車或助行器、收納玄關收納櫃放不下的物品、或是做為戶外用品的保養維護或興趣嗜好的空間、寵物空間等活用用途。其他還有像是做為簡單地接待訪客的玄關會客廳。

玄關長椅（訂製木作）和扶手的設置尺寸

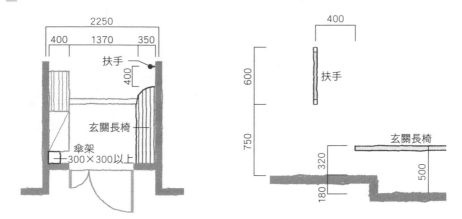

外玄關設置長椅能一併提升室內裝潢度，不過也需要考慮外玄關的有效寬度會因此變窄。

外玄關的活用範例（3.25m×3.25m）

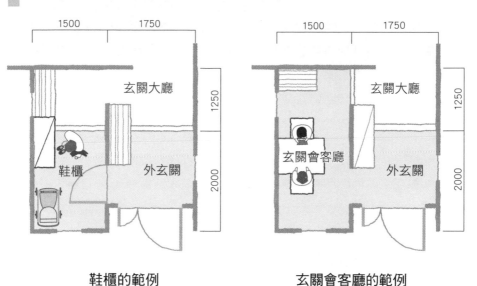

鞋櫃的範例　　　　　　　　玄關會客廳的範例

5 一家4口需要寬度10m（50雙鞋）的收納鞋櫃

確保收納

1 玄關收納（鞋櫃）的縱深約400mm

利用市面上的成品自行組合，有效率的收納。縱深400mm，寬度則視需要的收納容量而不同。

2 收納的物品和必須的收納容量

一家4口的家庭約擁有50雙鞋（女性20、男性13、小孩7×2）。寬800mm的高型鞋櫃約可收納56雙鞋，不常穿的像禮服鞋或是長靴等占空間的鞋子若很多會無法完全收納，要特別留意。

拖鞋數則以**包含訪客用、即家族人數再加5雙**的方式計算。有時會分夏天用和冬天用兩種，有時也會和外出鞋分開收納。

傘除了雨傘還有陽傘和預備傘等，數量會比家族人數多。收納在玄關收納櫃裡或是用傘架（**角落空間300mm×300mm以上**）保管。

其他也有像是衣服（外套等）或是玩具等需要收納。

3 設置場所

收納櫃請設置在外玄關和玄關大廳兩邊可以使用的位置。高型收納櫃如果設置在玄關大門門軸的側邊，要注意一進入玄關會有壓迫感，最好避免。

4 大廳收納需要的空間

玄關的附近要確保能收納家族成員在1樓會共同使用的物品，或是玄關收納櫃裝不下的物品。縱深500mm的空間可放**吸塵器、舊報紙**，如果要掛外套則需要**縱深750mm、寬度1.0m以上**的空間。

鞋子收納量的基準

沒有外玄關收納處或是玄關大廳收納處，只有寬度 800mm 的高型收納櫃是不夠的。可以考慮增設櫃台收納或是改用寬度 1200mm 的高櫃。

類型	櫃台		壁櫃		高櫃		
寬度（mm）	400	800	400	800	400	800	1200
鞋（雙）	10	20	6	12	28	56	84

設置玄關收納的場所

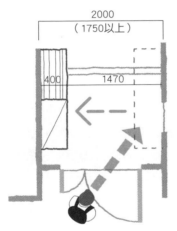

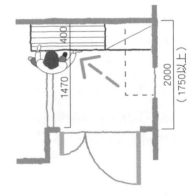

此為收納櫃設置在開門處，減少玄關的壓迫感的範例。

此為收納櫃設置在外玄關和玄關大廳都可以利用的位置的範例。

大廳收納

需要收納的物品有工具、清掃用品、舊報紙、防災物品、工具箱等。裝設隔板或是衣桿等以便因應不同的收納物。

6 門面空間放置花瓶縱深要 400mm 以上

門面・隱私

1 門面空間的配置

從外玄關可以看到的範圍就是門面空間，應該善加設計規劃。玄關大門的正面做為門面空間最理想，但是如果空間不足，利用玄關收納的櫃台上方的空間布置成門面空間也可以。

2 門面空間的設置方式和裝飾棚架的縱深

隨著裝飾的物品（畫作、擺飾品、花等）不同，需要的棚架寬度和縱深也不同。例如裝飾畫作時畫作可以直接掛在牆上，或是牆面做內縮處理效果更佳。裝飾棚架的縱深以250mm為標準，如果可以到400mm以上的尺寸（≒玄關收納櫃的縱深），可以擺放花瓶或是擺飾品，應用更廣泛。

門面用的牆貼上磁磚或是喜愛的壁紙裝飾，做符合住戶個性的設計。同樣的照明也要特別搭配。

3 顧慮隱私

設計時要注意訪客的視線，是否由外玄關可以直接看到廁所或洗臉室等私人空間。也要避免像是客廳的門正對玄關，以致開關時可以看見客廳房間。如果無法變更平面配置，也要設法以牆或是收納櫃或是改變門軸方向來遮蔽視線。

考量門面空間和隱私空間

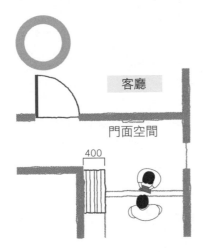

避免一進玄關就看到客廳門，移動門位置改為牆壁做為門面空間的範例。

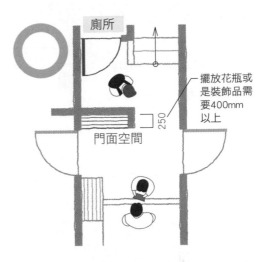

增設隔板牆當門面空間，而且也可以遮擋廁所的範例。

（圖中標示）廁所

擺放花瓶或是裝飾品需要400mm以上

門面空間

客廳

門面空間

400

250

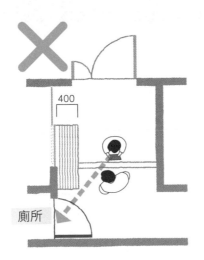

由玄關大廳直接看到廁所的範例。

廁所

400

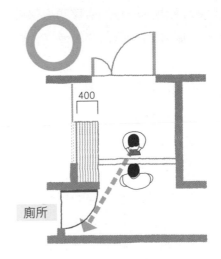

廁所後縮、變更廁所門開門方向和隔板牆來遮蔽視線的範例。

廁所

400

7 確保和起居室一樣的採光（Ａ／7）和換氣（Ａ／20）

採光・換氣

1 確保開口部

外出回家後的鞋子和傘含有很多水分，玄關容易變成陰暗潮濕，必須要有至少1處以上的開口部。依照**日本建築基準法的規定，玄關要設計和起居室一樣的採光面積Ａ／7、換氣面積Ａ／20（Ａ＝地板面積）**。如果玄關接連著走廊，走廊開窗也具有通風效果。

變更玄關收納的樣式（高櫃→矮櫃），或是更改收納櫃的位置（外牆→隔間牆），以便設置開口部。需要的收納量也要一起斟酌考量。

2 有效採光和通風的玄關大門樣式

玄關大門採用通風樣式，或是選擇子門、側邊門框（約300mm）可以採光通風的子母門，這些方法都可以有效改善玄關的空氣環境。如果可以兩面牆都設置開口部，效果會更為顯著。

3 平面計畫時的要領

在平面計畫時下功夫，讓玄關鄰接外部空間（中庭等）、挑高或是設置天窗等。

若有設置天窗，考慮到強烈日曬問題，將玄關設在北邊。如果玄關在南邊，要加裝遮陽或是隔熱窗。天窗的通風散熱效率高，比起在南邊或北邊開窗，約有4倍的通風量。

在北邊的玄關會比較陰暗，可以考慮以挑高等手法增加採光。挑高如果比外玄關的縱深更寬廣（1.5m以上），大廳的裡面也會變得很明亮。

平面計畫時的要領

面對中庭的玄關、大廳和客廳配置的範例。呈現明亮的門面空間。

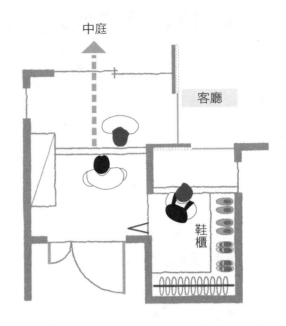

平房挑高
天窗讓採光換氣的效率變高，玄關大廳整體變明亮。

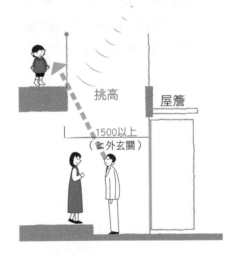

玄關大廳挑高
大廳整體變得明亮，而且有開放感。

8　插座位置在地板＋400mm，方便插入和拔出

1 照明器具的選擇

選擇適合家中氣氛和內部裝潢的照明器具。主照明之外，利用燈架或是間接照明等輔助照明，讓空間的演出效果更佳。

裝設有感應器的照明，手上有拿東西時不需要用手按開關燈也會自動亮，方便又省電。有感應器的玄關燈也有防盜效果。

2 照明器具的配置

在玄關框的上方或是大廳的正中央設置照明，接待訪客時就**不會出現雙方的影子**。玄關收納處若是設高櫃，天花板的中心點會有偏差，因此在規劃天花板內的管線施工圖時，就要考慮照明的適當位置。

集中裝設下照燈要注意間隔不能過大，照明間隔250mm ～ 300mm可以讓**天花板看起來美觀**。

除了玄關大廳內的照明以外，外牆燈和走廊的燈也要設置開關。不同位置也可控制的3路開關或是避免忘記關燈的指示燈開關等，因應不同目的使用不同樣式的開關。

3 插座的配置

考慮空間美觀，於外玄關不容易看到的位置設置插座。裝飾門面用的插座也利用擺飾品盡量隱藏起來。

一般吸塵器的電線，即使機種不同大致都有4m的長度。平均分配插座位置讓**走廊**和**房間**的**每個角落**都可以使用吸塵器。

電氣設備的設置範例

標準的開關高度是地板高度＋1200mm，插座則是FL＋250mm。通用設計的開關設在小孩和高齡者都可以操作的FL＋1000mm，插座則是一般人和輪椅使用者都可以使用的FL＋400mm為標準。

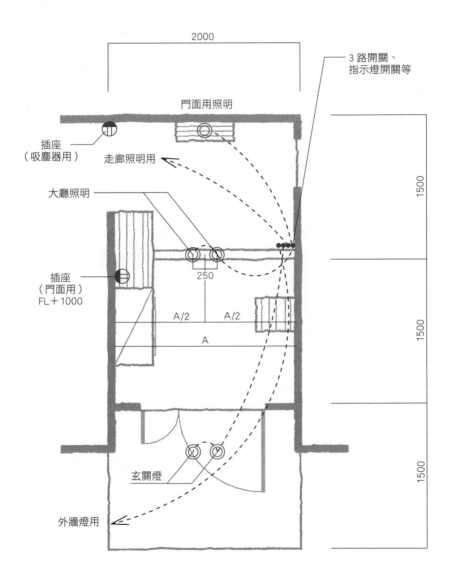

玄關和賞花的關係

日本是世界上少數有脫鞋文化的地方。

在無意識中，以要脫鞋或不用脫鞋將空間分為「外」與「內」。

例如「在玄關前可以嗎？」這句話。

玄關前是指門廊，有的時候是指外玄關，用以分別可以進到家中的人，和不能進到家中的人。
即使是已經進了玄關大門，仍然算是在「外」。指的是外玄關。

「裡面請進」等屋主說出這句話，才知道是不是要脫鞋入內，是不是獲得屋主認可，有時攸關工作的成功與否。

接著說賞花的事。

在櫻花樹下悠閒地散步也算賞花。和家人一起吃便當、朋友一起同樂時都很愉快。要進入鋪墊時，鞋子該怎麼處理呢？

「打擾了」邊打招呼邊脫鞋放好。

在家裡要脫鞋。鋪墊上的空間好比「拜訪別人的家」。雖然是在戶外，人們聯想鋪墊上是「內」的空間。

02

樓梯

確保安全性和便利性

1 樓梯設計的重點

樓梯是家中容易發生事故的場所。考量隨著年齡漸增身體機能變低，或是需要頻繁地搬運清洗衣物上下樓等狀況，應設計安全且便利性高的樓梯配置和尺寸。

2 構綜整機能和要素

● 一般標準的平面配置1樓是LDK（指客廳、餐廳、廚房）＋衛浴廚房、2樓是寢室，試想日常生活中使用樓梯的狀況。

〈1樓→2樓〉 就寢、讀書、更衣

〈2樓→1樓〉外出、吃飯、洗臉、洗澡等

〈往返〉家事（晾衣服、整理床鋪、掃除等）

● 家中事故的種類和狀況

會發生的樓梯事故類型：人撞到人、開門時撞到人、絆倒、跌倒等。掉下樓梯的事故多發生在以下的狀況：準備上學上班的匆忙時段、小孩或是高齡者爬樓梯時、手拿行李或是抱小孩而沒留意腳邊。

3 樓梯形狀和標記符號

本書為了讓讀者容易理解，以英文字母代表樓梯形狀，如果是直行類型稱為I型。有折返的樓梯因長度不同，分為U型和J型（上、下樓轉梯）。直角轉折的樓梯是L型（上、中、下轉梯），或是C型。複雜的樓梯形狀或是休息平台，事故發生率會愈高。隨著年齡漸增負擔愈來愈重，應該設計盡量簡單形式的樓梯。

樓梯形狀的範例

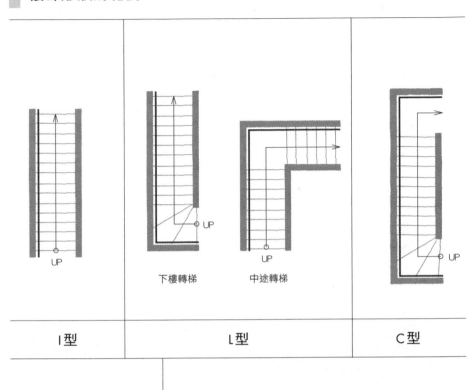

| I型 | L型 | C型 |

下樓轉梯　　中途轉梯

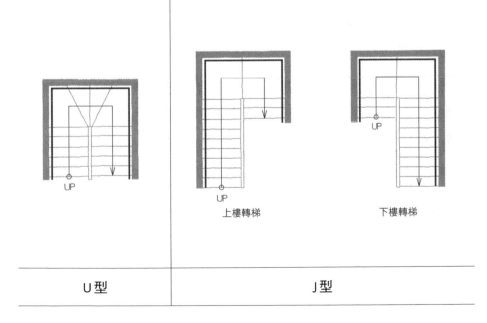

上樓轉梯　　　　下樓轉梯

| U型 | J型 |

下樓梯時前一階到天花板的高度為2.1m

必要空間

1 平面尺寸的計算法

計算樓梯的必要平面尺寸，和**樓層高度、樓梯形狀、有無休息平台、階高和踏面尺寸**相關。

以樓層高度3.0m、1樓天花板高2.5m、階高200mm、踏面寬220mm，來試算必要的平面尺寸（參考右圖）。需要階數是3.0m／0.2m－1來計算，共需要14階。休息平台分4階，剩下10階，左右各配置5階。休息平台寬度1.0m。樓梯需要的長度是2.1m（＝1.0＋0.22×5），寬度是2.0m（＝1.0×2）。

如果是I型樓梯的休息平台，依據建築基準法，踏面寬度需要1.2m以上。要注意如果樓層高度超過4m，有義務要設置樓梯休息平台。

緊鄰樓梯口的大廳（走廊），至少要有1.0m×1.0m以上的空間。為了避免危險，這個空間要避免設置開關時會占用大廳（走廊）空間的單開門（參考「02樓梯4-2」）。

2 剖面尺寸的考量法

接著，介紹上下樓梯時1樓天花板不會造成壓迫感的剖面尺寸。即使上樓時不覺得，下樓時身體維持前段高度往前，若是天花板過低會有快撞到頭的壓迫感。例如，樓梯踏板垂直到天花板的高度是1.8m，由高一階的踏板往下走時眼睛看到天花板距離只有1.6m，會擔心碰撞到頭而無意識地低頭。樓梯踏板到天花板的高度必須要有2.0m以上（推薦2.1m以上）。

確保必要平面尺寸的範例（15階，踏面220mm的狀況）

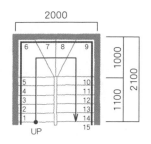

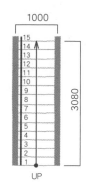

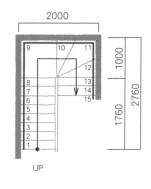

U型樓梯

樓梯的縱深較短。中間有休息平台，掉下樓梯的風險也較低。樓梯下方的空間可以做收納使用。

I型樓梯

沒有轉折的樓梯，雖然較為安全，若是不小心掉下樓梯，不容易中途停止。節省空間的平面配置可以考慮此類型樓梯。

J型樓梯

休息平台若想再分割，在平坦處的上方再分割比較安全。樓梯下方的空間可以當廁所使用。

必要剖面尺寸的範例

樓梯踏板到天花板的有效尺寸要有2.0m以上（推薦2.1m以上）。下樓時，若是視線的平行高度看到天花板，會有壓迫感。

2 樓梯階高和踏面的關係是550mm ≦階高 ×2＋踏面≦ 660mm

考量安全・高齡者

1 樓梯和休息平台的形狀

沒有轉折的I型樓梯最安全，但是若有彎曲要比轉折的地方更加注意安全設計。90度轉折的部分（L、C型）或是180度轉折的部分（U、J型），若踏板再分割容易踩空造成意外。如果不得不分割，在平坦部分的上方再分割可減少踩空跌倒的危險。

2 樓梯各個部分的尺寸和關係

建築基準法規定的寬度是750mm以上。如果扶手是由牆面凸出100mm，那麼樓梯的踏板寬度就要扣除扶手寬度才是有效寬度。

建築基準法規定的階高230mm以下、踏面寬度150mm以上（如果是螺旋樓梯，踏面寬度以距離踏面最狹窄的一側300mm處為主）。依據「**住宅性能評估・高齡者考量對策等級**」的規範，樓梯斜度6／7以下、550mm ≦階高×2＋踏面≦ 650mm（等級5・4）。樓梯斜度22／21以下、550mm ≦階高×2＋踏面≦ 650mm、踏面寬度195mm以上（等級3・2）。以安全等級分類，詳細的規定樓梯各個細部尺寸。

3 扶手高度和設置位置

建築基準法中並未有樓梯扶手的規定，僅提到在樓梯踏面高度700～900mm範圍內加裝扶手。**斜度超過45度的樓梯則是兩側都需要有扶手。螺旋樓梯在外側**加裝扶手，可以減少踩空的危險。**I型樓梯則是在慣用手側**加裝扶手。考量高齡者或是小孩，採用兩段扶手的時候高度分別為600mm和800mm。**為防止摔落** 2樓腰牆需要比腳踩的踏面高800mm以上。

休息平台（樓梯轉折部分）的形狀

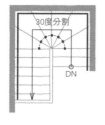 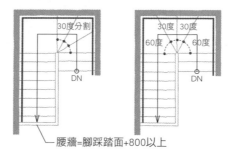 

腰牆=腳踩踏面+800以上

左圖是在靠近樓梯下樓處將休息平台分割成6階，容易踩空造成危險，摔落時可能會無法停止直接掉到1樓。應如右圖在平坦部分上方再分割，增加安全性。

並非樓梯台階高度低就是安全

縱使是一樣的台階高度，踏面寬度太狹窄會造成樓梯斜度變大，下樓時沒有扶手會不安全。同樣是樓層高度3.0m、階高200mm，比較踏面寬度230mm和195mm的狀況。

〈階高×2＋踏面，斜度的比較〉

・踏面寬度230mm時

　　200×2＋230＝630→OK

　　斜度≦6／7→等級5

・踏面寬度195mm時

　　200×2＋195＝595→OK

　　6／7≦斜度≦22／21→等級3

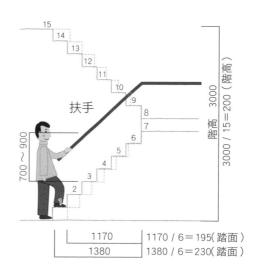

樓梯下方空間當做廁所使用，馬桶前端至天花板要有2.1m

樓梯下方是可以活用的空間。構造上有時在休息平台的下方設有柱子，需多留意。

1 當做收納空間使用

由前面開始利用，愈是靠裡面天花板愈低，收納效率不佳。建議樓梯下方空間橫向利用比較好。

由前面開始利用，縱深約1.5m程度，**其餘的做為外部收納**，保管屋外利用的物品像是車用品或是庭園用品。

2 當做廁所使用

馬桶的前端到天花板高度如果比身高高就可以當廁所使用，但是**為了不要有壓迫感**，還是確保高度有2.1m（1.9m以上）。馬桶的縱深約750mm（沒有水箱的馬桶則是650～700mm）

廁所空間應該斟酌住宅規模，設計適當的面積大小。考慮訪客也會使用，寬廣度和內部氣氛都要詳加設計。天花板避免直接露出階梯狀，表面以平整板材裝修，讓使用者不會意識到此為樓梯下空間。

3 其他的利用方式

樓梯下的空間除了單獨利用之外，因為天花板低也可以和其他空間並用。例如和倉庫或是外玄關的收納連結變成**附加收納**，也可以當洗臉室的**洗衣機放置處**，廚房的**冰箱放置處**或是**起居室的收納處**。最好避免客廳等的角落是樓梯下方空間，天花板的一部分會被迫變低，造成視線上壓力。

樓梯下空間的各種變化

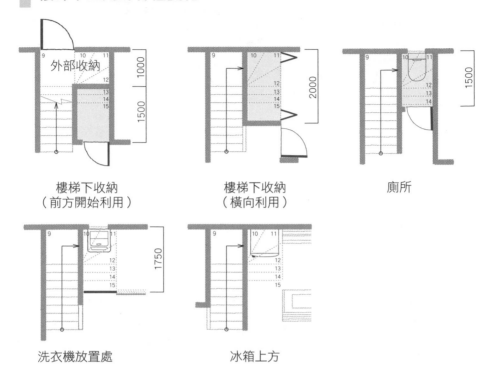

樓梯下收納
（前方開始利用）

樓梯下收納
（橫向利用）

廁所

洗衣機放置處

冰箱上方

樓梯下空間做為廁所的天花板高度

樓梯階高200mm，以100mm的木板裝修廁所的天花板。樓梯下部空間當做廁所使用，馬桶的水箱位置約在樓梯第8階下方（1.5m以上），馬桶前端約在第11階下方（2.1m）以上的尺寸。

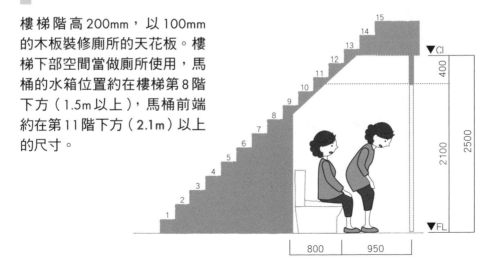

4 窗台高度800mm以上的直式長窗為佳

採光通風・隱私

1 確保開口部

樓梯間請設置可以換氣和採光的窗戶。若無法開窗,緊鄰的大廳或走廊陽台等空間請確保採光和通風。

注意窗戶要設置在**可以開關的高度,以及沒有從窗戶摔落的危險**。窗台的高度是**台階+800mm以上**(參考「11小孩房4-1」)。要注意**窗戶和樓梯扶手(台階+700～900mm)不會互相干擾**。若窗戶位置太高無法開關,將橫拉窗的窗扣鎖位置往下調整,外推窗或是上下懸窗則以鏈條連結高處用開關器。

要讓樓梯間整體變明亮,橫向長窗的效果佳。如果要讓樓梯間的角落也能採光,縱向長窗較適合。固定窗雖然不能通風,不過不會有從窗邊掉落的危險,可以安心使用。

透明的窗戶有開放感,考慮隱私會加裝窗簾,但是要注意上下樓梯時有時會碰到窗簾的軌道。霧面玻璃的優點是可以遮蔽視線,也可以柔和光線。

2 考量保護隱私

客廳裡有樓梯,會透過樓梯傳聲音到客廳,空調的效率也會變差。可以考慮把樓梯接連大廳,或是將樓梯間的1樓或是2樓加隔間(參考「09客廳3-4」)。樓梯間若加隔間,樓梯口要有1.0m×1.0m以上的空間,並且考慮安全問題**此空間不能裝單開門**。

窗戶的設置高度

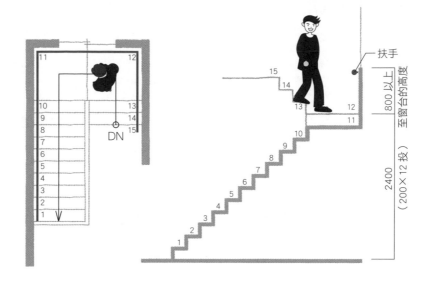

窗戶的窗台高度為離樓梯踏面800mm以上,這個高度可以開關窗戶。

樓梯間的隔間方式

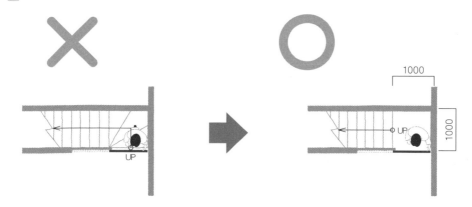

樓梯間內側門把位置若過低,開關門不易。樓梯口的高低差有跌倒的危險。

改變樓梯形狀,設置樓梯間的範例。不推薦推拉門的滑動門板設置在樓梯間內側,如果非得設置,建議將滑動門板收在隔間牆內。

樓梯踏面＋2.2m的位置裝設明亮且容易交換燈泡的照明器具

電器設備等

1 照明設備的配置

樓梯間要設置燈具，讓整體空間明亮，特別是要**可以清楚辨識高低差**。推薦的亮度是**30 ～ 75 流明**。**確保夜晚的安全性**，樓梯口處要明亮，第一階台階的前端上方（＋200mm）設置地腳燈。

照明器具要設置在不影響上下樓且容易維修的位置。壁燈的高度為**樓梯踏面＋2.2m**（若為休息平台＋1.8m）。吊燈則**離地板約3m以內**（可以使用梯子）的範圍。嵌燈要避免設置在挑空的天花板，雖然LED燈泡的使用壽命長，還是要考慮可以使用梯子更換燈泡的高度。

照明的光源如果直射眼睛，反而會造成踩空跌倒，需考量照明器具的配置和特性（陰影的種類、配光方向）再去設置照明。

2 插座・開關的配置

設置有附帶插座的地腳燈，插座可供吸塵器使用，非常方便。

使用3路或是4路開關，設置在**上下樓前方便開關的位置**。上樓梯台階才開燈是危險的。如果裝設感應器開關，手拿物品時不需要用手按開關，既便利又安全。

3 裝設火災感應器

樓梯是煙的傳達通路。有寢室的樓層的樓梯，一定要設置煙霧式的火災感應器。如果是可以連動其他警報器的機種更好。

電氣設備的配置範例

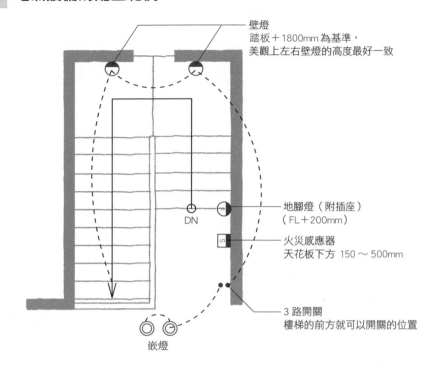

壁燈
踏板＋1800mm 為基準，
美觀上左右壁燈的高度最好一致

地腳燈（附插座）
（FL＋200mm）

火災感應器
天花板下方 150～500mm

3 路開關
樓梯的前方就可以開關的位置

DN

嵌燈

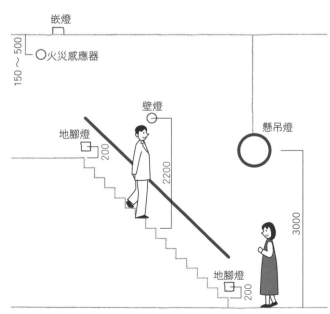

嵌燈

150～500

火災感應器

地腳燈

200

壁燈

2200

懸吊燈

3000

地腳燈

200

壁燈要設置在**樓梯
踏板＋2.2m**的高
度，方便換燈泡。
燈具選擇不過於凸
出，不影響上下樓
梯的樣式。

家用電梯

家用電梯，是指升降距離（電梯由最低樓層到最高樓層地面的高度）在10m以下、升降速度20m／分以下、承載量200kg以下、電梯內的面積在1.1平方公尺以內的電梯。根據日本法規，即使有電梯也一定要設置樓梯。（編按：在台灣根據「建築技術規則建築設計施工編」第108條，建築物內設置升降機、升降階梯或其他類似升降設備者，仍應依本規則建築設計施工編有關樓梯之規定設置樓梯。）

在日本新建住宅的工程中，有設置家用電梯的比率低於2%，未來隨著社會高齡化，預計設置家用電梯的比例也會逐漸增加。特別是3層樓或2樓是客廳的住宅，使用樓梯的頻率高，設有電梯會更便利。設置電梯，可以防止小孩和高齡者在樓梯發生事故，並且不只是人員的移動，搬運物品也會更加方便。也有例子是預留未來設置電梯的空間，先做為壁櫥和儲藏空間使用。只要升降路徑內側有1.2m×0.8m的空間，即可容納小型的電梯。

電梯的維護費用，每年約5至6萬日圓（包含每年1到2次的定期檢查），算是經濟實惠，值得積極考慮設置的可能性。

03

廁所

設計動作效率高的舒適空間

1 廁所空間的設計重點

廁所空間必須要注意能遮蔽視線和隔音等保護隱私。另外，也需要有收納清潔用品的空間。廁所可以說是「第2個接待訪客的房間」，必須要保持整齊清潔。

主廚考慮到客人會使用的前提，設置可以補妝的洗臉化妝台或是高齡者使用時需要的扶手等安全設備。

2 綜整機能和要素

在廁所的生活行為和相關物品的關係整理如下：

生活行為	相關物品
排尿・照護等	馬桶、捲筒式衛生紙架、衛生紙、洗手台、洗手乳、免治馬桶遙控器、扶手、毛巾、毛巾架、廁所用拖鞋、輪椅、兒童輔助馬桶座
補妝	櫃台（置物櫃）、鏡子
清掃整理	清掃用具
保管	衛生紙、清掃用具、生理用品
裝飾	棚架、櫃台等
通風	24小時換氣扇、窗戶
其他	報紙、漫畫、菸灰缸、芳香劑

3 標準格局

介紹馬桶和洗手台的組合範例，以及併設小便斗的範例。本書的解說基本上是以高齡者的使用角度，並以使用率高的坐式馬桶為主。

廁所的標準格局

無水箱馬桶 × 洗手台櫃

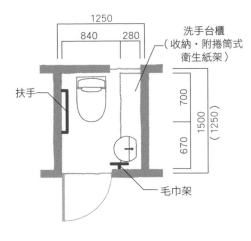

扶手

洗手台櫃
（收納・附捲筒式
衛生紙架）

毛巾架

1250
840
280
700
670
1500
(1250)

無洗手功能馬桶 × 省空間洗手台櫃

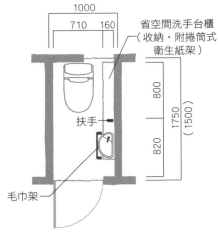

扶手

省空間洗手台櫃
（收納・附捲筒式
衛生紙架）

毛巾架

1000
710
160
800
820
1750
(1500)

有洗手功能馬桶 × 收納

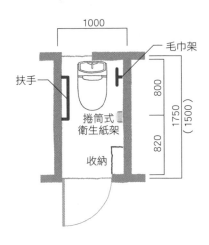

毛巾架

扶手

捲筒式
衛生紙架

收納

1000
800
820
1750
(1500)

併設小便斗

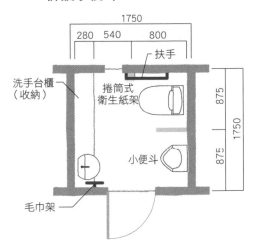

洗手台櫃
（收納）

扶手

捲筒式
衛生紙架

小便斗

毛巾架

1750
280
540
800
875
875
1750

1 廁所空間長邊淨尺寸1.3m以上，馬桶前端到牆面至少要0.5m

1 必要的空間尺寸

廁所內部空間要**能沒有阻礙地做轉身動作**，長邊的淨尺寸要有1.3m以上，馬桶前面以及側邊要有0.5m以上的距離、縱深尺寸約750mm（**沒有水箱的馬桶尺寸則是650～700mm**）。廁所需要的空間是**寬度1.0m、縱深1.5m（1.25m）**以上的空間。要注意如果廁所空間過於寬廣，到達馬桶需要走幾步路加上牆面沒有裝設扶手，反而會對高齡者造成負擔。

在住宅性能評估・高齡者等考量對策等級中，訂定需要照護的使用者在日常生活使用輪椅的空間尺寸基準，請參考右表。

若要設置洗手台，廁所需要有1.25m的寬度；如果是省空間的洗手台，1.0m的寬度即可。小便斗和無水箱馬桶，則必須要設洗手台。

2 以照護為前提所需要的空間尺寸

做為照護使用的廁所空間，設計時適當配置出入口和馬桶位置，讓輪椅折返動作減到最少且容易移坐到馬桶上。

必要的空間尺寸，馬桶前方（A）**可站可坐的空間**是0.5m以上，馬桶座側邊（B）照護者使用的空間0.5m以上，若是由**馬桶座後方（C）**協助照護時，站在馬桶後方需要0.2m以上的空間。馬桶座的側邊如果有1.0m以上的空間，則**容易移坐到馬桶上以及輪椅可以方便轉向**。

符合住宅性能評估‧高齡者等考量對策等級3的尺寸

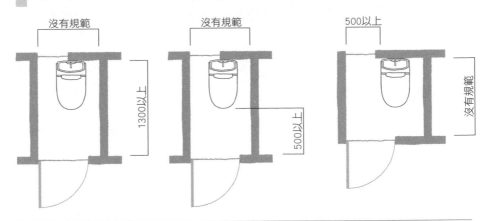

等級5	短邊的淨尺寸為1.3m以上。另外，長邊尺寸要確保馬桶的後面牆壁到馬桶前端再加上0.5m以上的尺寸。
等級4	短邊的淨尺寸為1.1m以上，並且長邊的淨尺寸是1.3m以上。另外，馬桶前端到前方牆壁和側邊牆壁的距離為0.5m以上。
等級3	長邊的淨尺寸為1.3m以上。另外，馬桶前端到前方牆壁和側邊牆壁的距離為0.5m以上。

需要照護的空間尺寸範例

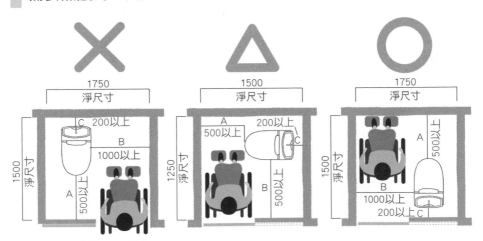

輪椅需要180度回轉，折返動作太多。

輪椅需要90度回轉，折返動作太多。

移動距離最短，只要橫移就可坐到馬桶上，最容易使用。

2 廁所門的寬度為800mm，向外開門或是推門

1 廁所設置樓層

高齡者的寢室所在樓層一定要有廁所。如果在寢室內設置專用廁所更好。

2 出入口的門板樣式

確保門的有效寬度，**無須拆除工程請確保**有800mm（750mm）以上（住宅性能評估・高齡者等考量對策等級5（4））。

向外開門在開關時需要移動身體，對高齡者來說會造成負擔，不過優點是氣密性（＝隔音）佳，開關方便以及好上鎖。往內開門則是向內推，如果要救助昏倒在廁所裡的人，門會卡住無法打開非常危險，要盡量避免。走廊上設置廁所要注意打開門時不會和通過的人碰撞，若是能將廁所往內縮，更為安全。

拉門在開關時不需要移動身體，對高齡者來說較好使用。選擇長握把、有輔助機能的門等，只需要用手指的力量，不需要用到握力即可以開關門的樣式更佳。雖然拉門的活動門板不推薦安裝在走廊側，不過要注意如果將活動門板改在廁所內側，廁所內的牆面則無法安裝設備。

折門可以節省空間，不過開關時要注意不會和其他門互相影響。

將廁所門設置在角落，輪椅可能會無法靠近開門。邊牆預留約300mm再設門，**比較容易開關門**。

外開門的注意點

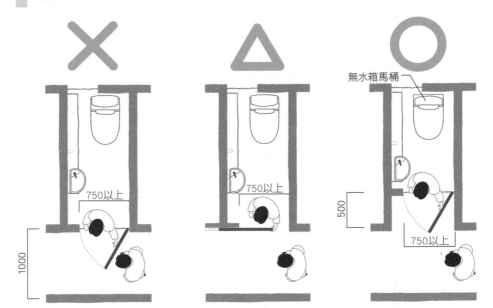

廁所是頻繁進出使用的地方。為了防止和走廊通過的人發生碰撞，外開門超出走廊的幅度愈小愈好。拉門由設計面來看不推薦，但是較安全。

內推門的危險性

角落廁所的注意點

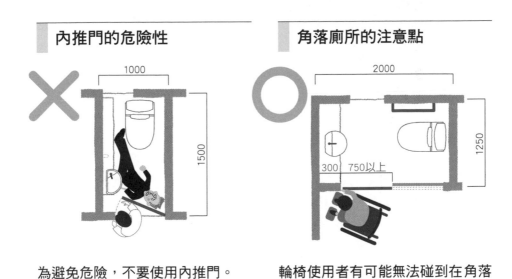

為避免危險，不要使用內推門。

輪椅使用者有可能無法碰到在角落的廁所門把手，要注意。

3 選擇安全且容易清掃的地板材料

請選用塑膠地板或是浴廁專用地墊等不會滑且好清洗的材料。磁磚或是石材等硬的材質，跌倒時容易受傷。有時為了保護地板會鋪上墊子，反而容易被絆倒，要多加注意。

4 馬桶・馬桶座的輔助機能

馬桶、馬桶座有專為高齡者減輕負擔的設計，依據高齡者的狀況採用適合的樣式。主要的輔助機能有：站和坐的輔助機能（馬桶座升降設備、馬桶蓋自動開合、馬桶座用扶手）、緩和溫差造成身體負擔的機能（房間暖氣）。

5 設置扶手

幫助站和坐的輔助用扶手，請設置在馬桶的右側（慣用手側）（住宅性能評估・高齡者等考量對策等級5）。**垂直扶手**設置在離**馬桶的前端**150～300mm的位置，方便手握來輔助移動。高度為扶手下端 FL ＋ 650mm、長度600mm以上。

出入口是推拉門時，伴隨著推拉動作容易造成身體失去平衡，**門邊設置保持姿勢用的扶手**，提升安全性。扶手高度是 FL ＋ 750mm、長度600mm以上。

6 洗手台的設置

有附加洗手台的馬桶，使用時必須要轉身容易造成危險。狹窄的廁所裡可將洗手台設置在別處，減少危險動作也比較安心。洗手台櫃可以當置物櫃使用，放置如化妝包等物品。

扶手的設置尺寸和洗手台的設置

站和坐的輔助用

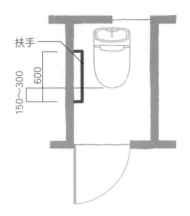

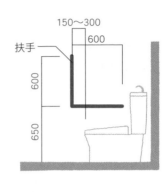

主廁考慮到客人也會使用，必須設置站和坐的輔助扶手。

保持姿勢用

拉門旁邊請設置可保持姿勢用的扶手。

使用附加洗手台馬桶的洗手動作

在狹窄的空間裡必須要轉身而造成危險，不推薦。

捲筒式衛生紙架離馬桶前端100mm

1 裝備用品的配置

廁所的空間狹窄，但是又需要許多的裝備用品，要設計能不受干擾使用這些裝備用品的配置格局。比起分別設置裝備用品，推薦統整各個機能的一體型設計。

扶手設在馬桶的右側（慣用手側）。

有可以多裝一卷備用的兩捲筒式衛生紙架，會相當便利。**設置在距離馬桶前端100mm，高度**為FL＋700mm。要注意是否影響扶手的設置。另外使用捲筒式衛生紙時會透過牆壁傳導聲音，注意不要設置在靠起居室側的牆壁。

免治馬桶的遙控器則是裝置在**馬桶前端**的**前後150mm**的**範圍**。

如果有鏡子，也可以方便客人補妝。

2 確保收納

廁所的清掃用具以及最少量的備用品（預備用的衛生紙等），必須要能收納在廁所內。

洗手台櫃的收納量可參考下面說明 **3**。若無法完全收納，活用馬桶後方的空間或是門的上方空間也可以。

3 洗手台櫃的收納範例

省空間的洗手台櫃：約清潔劑2，刷子1。

洗手台櫃1.5m的樣式：清潔劑5、刷子1、生理用品2、垃圾桶1、捲筒衛生紙18卷、清掃用紙4、面紙2、毛巾3、芳香劑。

裝備用品的配置（參考45頁）

馬桶有附洗手台
（個別設置裝備用品）　　　　　（一體型的設置）

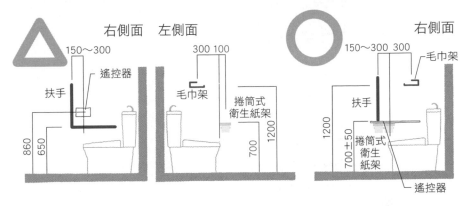

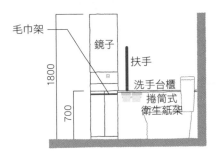

個別的安裝位置容易互相干擾，
視覺上也不美觀。

裝備用品可以有效率的配置。

設置洗手台櫃

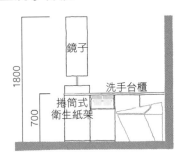

櫃台的縱深長（約300mm），無法
和扶手設置在同一側的牆面。

設置省空間洗手台櫃

扶手和洗手台櫃可以在安裝
在同一側的牆面。

4 能遮擋視線的開關角度為30度以內

1 廁所窗戶的注意點

開窗可以換氣和確保白天室內明亮，不過要考量屋外的視線，再決定窗戶的位置。

在廁所的側面設窗戶，要注意會不會干擾扶手、鏡子等裝備的位置。在室內打開內推窗會撞到頭很危險，不能設置在廁所的側面。如果內推窗是在馬桶後方，要比**水箱高度（≒1.0m）**高；如果是外推窗，注意窗戶的操作開關要設在手可以**觸及**的位置。靠近天花板的窗戶可以顧慮隱私，但是需要使用高處用的操作開關。

2 窗戶的種類和視線

雙向橫拉窗的採光和換氣性佳，但是缺點是無法遮蔽外面的視線，以及雨水容易濺入。直式外推窗的開關角度在**30度以內**，適當安裝懸吊軸的位置大致**可以遮蔽外面的視線**。橫式外推窗和內推窗一樣是可以遮蔽視線的窗戶。

3 考量隱私

設計時不只是屋外，要考量從玄關或是客廳等處看不到廁所（參考「01玄關・大廳6-3」）。

如果必須和起居室接鄰，中間做為收納空間，或是隔間牆選擇隔音材質，加強隔音效果。特別是抽取捲筒式衛生紙的聲音容易傳達，不要將捲筒式衛生紙架設在和起居室相連的牆面。

窗戶配置的注意點

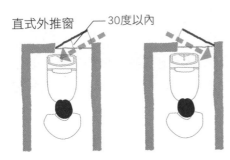

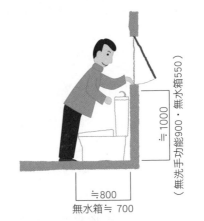

直式外推窗開關角度在 30 度以內，無論是哪個開關方向都可以遮蔽屋外的視線。

馬桶後面的外推窗，窗的開關要設在可以操作的位置。

隱私考量

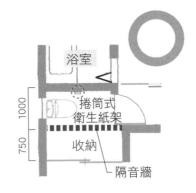

捲筒式衛生紙架安裝在靠房間側的牆壁

廁所和房間之間為收納空間，並且使用隔音材當隔間。捲筒式衛生紙架安裝在靠浴室側的牆壁。

5 壁燈要裝設在門軸相反的牆面 FL ＋ 2.0m

電器設備等

1 照明設備的配置

夜晚的照明若太明亮，會造成神經緊張睡不好，建議選擇不易直視光源有調光功能的燈具。點燈的時間短而且開關頻度高的廁所照明，加裝感應器可以解決忘記關燈的問題。

吸頂燈或是嵌燈要裝設在馬桶前端的上方。如果是利用樓梯下空間的廁所，因為**天花板較低**（約 1.9 ～ 2.1m），若照明裝設在天花板，會有壓迫感而且太炫目，請選擇壁燈。

為了進入廁所時不覺得燈太炫目，請將壁燈安裝在和門軸相反的側面牆上。馬桶的正面以及後面裝燈會太刺眼，要避免。燈具的高度要約 FL ＋ 2.0m，才不會在狹窄的廁所空間變成障礙。

開關設在陰暗的房間會不好使用。廁所燈的開關應該設在訪客也容易找到的位置，不是在廁所空間內開關燈，而是在廁所外面操作廁所燈開關。

2 設置插座

溫熱馬桶座或是洗淨馬桶座必須要有插座提供插電使用。面向馬桶座的左側後方，請設置接地插座。

3 換氣扇的設置

廁所換氣扇若是做為改善建築物整體通風換氣計畫的住宅對策，請安裝所需要的換氣量的器具。

標準換氣扇的換氣量為 80m^3 ／ h，每台換氣扇可以有 64 ㎡（天花板高度 2.5 m）的換氣量。

電器設備的配置例

多重照明造成天花板和人的陰影區塊變多

燈靠太近有壓迫感，而且光線太炫眼

400
200
1900

換氣扇

馬桶用插座
FL+250

天花板照明

壁燈照明
FL＋2000

開關

樓梯下方空間的廁所，要注意在天花板安裝燈具會造成陰影或是光線太刺眼。

壁燈安裝在門軸相反的側牆面，光線不會刺眼。天花板的照明則是安裝在馬桶前端的上方。

配置換氣扇的注意範例

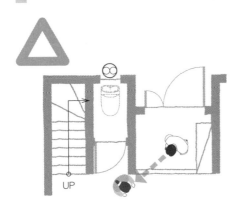

UP

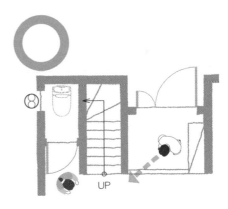

UP

由建築外觀來看，窗和換氣扇都靠近玄關入口，位置太醒目而影響視覺美觀的範例。

變更廁所的配置，注重外觀和考量隱私的範例。

從玄關可以看到廁所

　　有人不喜歡從玄關可以看到廁所，也有人不在意廁所的隔音和隱蔽性，認為外出回家時使用很方便所以不在意。

　　本書是秉持「不會看到廁所」的設計原則，即使業主要求玄關要設廁所，也要避免出入廁所時玄關（訪客）的正面可以看到馬桶的設計。設計者應該避免這種情況發生。

　　也有業主認為玄關有廁所很方便，不過以訪客的立場來看，借用在玄關的廁所會不自在。

　　從玄關可以看到廁所無

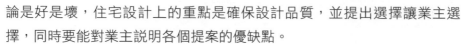

論是好是壞，住宅設計上的重點是確保設計品質，並提出選擇讓業主選擇，同時要能對業主說明各個提案的優缺點。

　　有的案例為了避免從廁所開門出來時門會撞到玄關大廳的人，而將廁所門設計成內推門。不禁令人感嘆，這類危險且不好使用的廁所竟然還存在著。

04

洗臉室

整合4種生活機能的空間配置

1 洗臉空間的設計重點

　　洗臉室一般是由**脫衣穿衣、洗衣服、洗臉**3種生活行為的空間再加上**收納空間**所構成。由於每個人的生活行為模式差異、物品多，洗臉室容易變成陰暗潮濕的空間。在空間配置上下功夫，注意採光通風，讓洗臉室成為整齊清潔的空間。

2 綜整機能和要素

　　多機能、多用途的洗臉室裡的生活行為和相關物品的關係整理如下表：

生活行為	相關物品
生活行為	相關物品
脫衣‧穿衣	洗衣籃、扶手、換洗衣物放置處
擦手和擦身體	毛巾（架）、浴巾（架）
洗臉‧化妝、刷牙	化妝洗臉台、毛巾（架）、肥皂、化妝品、牙刷組、漱口杯、刮鬍刀等
洗衣、臨時晾衣場	洗衣機、洗衣機底座、排水口、水龍頭、洗衣精、晾衣桿、衣架等
保管	毛巾、浴巾、衣服、衣架、刮鬍刀、吹風機、浴室清掃用具、洗髮精等浴室備品、洗衣精、牙刷組、化妝品等
換氣	換氣扇、窗戶
其他	體重計、暖氣機、電風扇、室內晾衣用電扇

3 標準格局

　　縱深2.0m、寬度分別為1.5m和1.75m的洗臉室，適當配置各個空間、出入口、扶手等設備，讓脫衣穿衣、洗臉、洗衣服、收納的生活行為能有效率順暢進行。洗臉室的收納處不足會造成使用上的問題，請確保洗臉室的收納空間。

洗臉室的標準格局

1.75m×2.0m

洗臉室的寬度若有 1.75m，900m 的化妝洗臉台和洗衣機底座可以並排陳列。

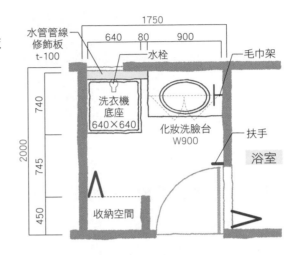

1.5m×2.0m

洗臉室的寬度若為 1.5m，常用的 750mm 寬的化妝洗臉台和洗衣機底座無法橫向排列，改為縱向排列。

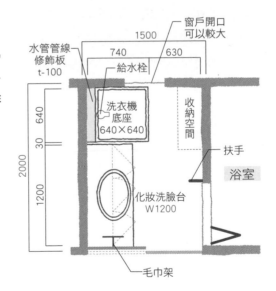

1 滾筒式洗衣機的前方要預留600mm以上的空間

必要空間

1 脫衣・穿衣的空間（1.1m×0.7m）

左右1.2m、前後0.7m的空間是必要的。照顧小孩或是高齡者時，則需要前後約有1.2m的空間。使用洗衣籃時，確保洗衣機的上方或是前方有空間可以放置。

2 洗衣機的尺寸約為600mm見方

洗衣機的尺寸長寬都約600mm（滾筒式洗衣機約為640×720、洗衣機底座為640×640以上）、高度約1.0m。若設置水管管線修飾板（參考71頁），**側邊和後方需要預留約100mm的空間**。另外避免洗衣機脫水時和牆壁產生碰撞，洗衣機的周圍要有約20mm的空隙。

若是直立式洗衣機，可以站在洗衣機側邊作業；但若是滾筒式洗衣機，必須要由洗衣機的**正面開關蓋子作業**，所以洗衣機前需要空出600mm以上的空間。

3 洗臉台的寬度為750～1200mm、縱深為500～600mm

一般常用的洗臉台寬度為750、900、1200mm、縱深500～600mm。高度約1.9m，**如果有壁櫃**則高度約2.3m。家庭成員若女性較多，建議採用雙洗臉盆（1.5m以上）的樣式，早晚大家使用洗臉室的繁忙時段能在短時間使用完畢，很方便。2樓等的第2洗臉台可以採用**小型洗臉台**（約寬度600mm、縱深400mm）即可。

洗臉台的前方要有600mm以上的空間，讓使用者可以**無礙地彎腰洗臉**。

洗臉室的必要空間尺寸

脱衣穿衣的必要尺寸

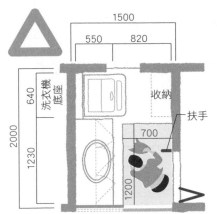

1個人脱衣穿衣不成問題，
不過2個人以上就過於狹窄。

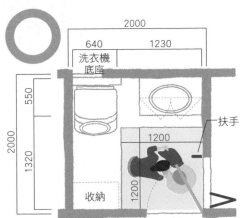

寬度2.0m則2個人也可以使
用。

使用洗衣機的必要尺寸

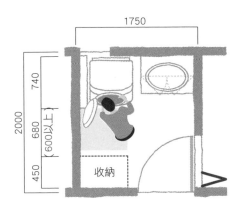

滾筒式洗衣機，洗衣機正面
需要600mm以上的空間。

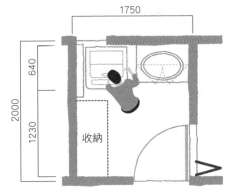

直立式洗衣機，側邊也可以
進行洗衣作業，不需要預留
正面的空間。

4 收納空間的縱深為300mm以上

　　無論是保管毛巾、洗衣精或是儲存用品，必須在洗臉室內有足夠的收納空間。有時候也需要在洗臉室內收納衣架等晾衣服用具、內衣或睡衣、紙尿布等。設計時要注意，洗臉室內所需要的收納量隨著每個家庭生活模式不同而產生差異。

　　收納空間的縱深，**如果是放浴巾**需要300mm以上，**收納洗衣籃**則要450mm以上。

洗臉空間的分區範例

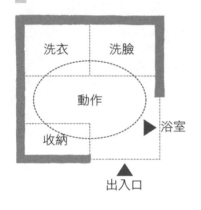

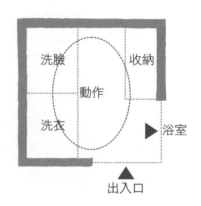

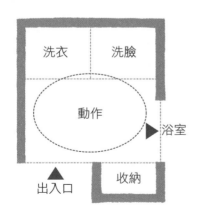

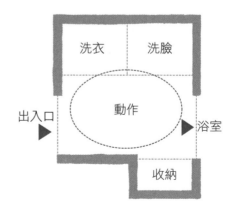

使用洗臉台的必要尺寸

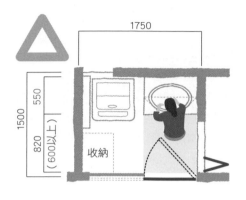

縱深為1.5m，開門會影響到使用者，改為推拉門更好。

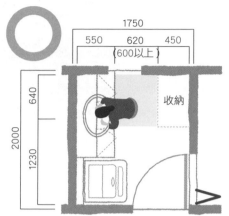

確保洗臉台前有600mm以上的空間，並且設置在不受出入口門影響的位置尤佳。

收納空間的設置範例

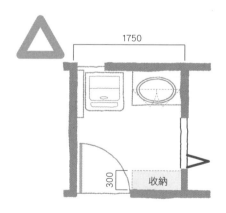

浴室門旁的收納空間範例（可行性要詢問整體衛浴系統的業者）。

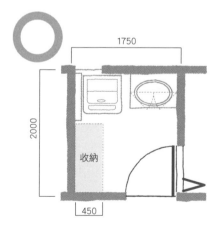

整合縮短洗臉室和浴室的出入口動線，確保收納空間的範例。

2 室內晾衣服的空間約寬2m、縱深1m

空間的連結

洗臉室和浴室一定要相鄰，並且在設計階段就事先規劃家事動線，檢討是否要和廚房或是陽台相連也很重要。將在洗臉室進行的生活行為的一部分獨立出來在別的空間進行，也可行。例如2樓若有曬衣場，可以考慮將洗衣機移到2樓。家庭成員女性多或是訪客多，可以獨立設置洗臉室。

1 連結廚房

浴室、洗臉室、廚房橫向排列配置，家事動線短而且有效率。一邊煮飯還可以一邊確認洗衣機的狀況，非常方便。不過這樣的平面配置會造成通往洗臉室有兩條動線，收納空間是否足夠會成為課題。如右圖，洗臉室的縱深若有2.0m，**收納空間和通道寬度**即可足夠。

2 連結晾衣場

使用庭院或是陽台做為晾衣場，不過因為重視隱私改在室內晾衣服的人也逐漸增加。

〈在庭院晾衣服〉

一般晾衣服的準備工作和衣物分類，會利用面向庭院的客廳或和室來處理，或者是在洗臉室、或者是獨立設置的洗衣室（家事間）。若在室內有可穿脫鞋的小玄關和出入庭院的**邊門**（0.75m×0.5mm），會更加便利。

洗臉室（洗衣服）→客廳等（準備）→庭院（晾衣服）→客廳等（折衣服、燙衣服）→收納

連結廚房

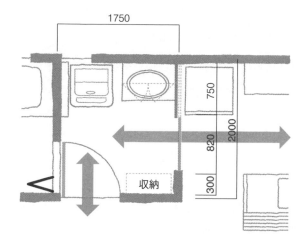

洗臉室和廚房相鄰造成家事動線拉長的平面範例。使用上更方便，但是要注意可以利用的牆面減少，收納量也變少。

連結晾衣場

在庭院晾衣服

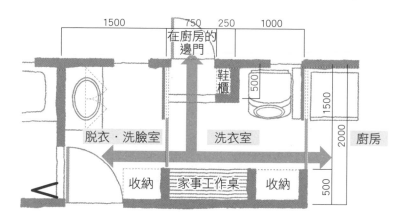

廚房和洗臉室之間設置洗衣室的範例。若習慣在庭院晾衣服，洗衣室內設置小玄關方便穿鞋脫鞋出入屋外。

〈在陽台晾衣服〉（參考「13 陽台 1-1」）

設計時樓梯等移動動線盡量縮短，減輕家事負擔。在2樓洗衣服，和相鄰房間之間要有隔音對策。樓下需要預留管線空間。

一般面向陽台的主臥房和大廳會當晾衣服準備工作的場所。並且雨天的時候，可以當做室內的晾衣場。

> 洗臉室（洗衣服）→樓梯→主臥室等（準備）→陽台（晾衣服）→主臥室等（折衣服、燙衣服）→收納

> 洗臉室（脫衣服）→樓梯→洗衣室（洗衣服）→主臥室等（準備）→陽台（晾衣服）→主臥室等（折衣服、燙衣服）→收納

〈在室內晾衣服〉

天候不良時會在室內晾衣服，但隨著職業婦女增加、空氣汙染、重視隱私等影響，現在約有9成的家庭平常是在室內晾衣服。

室內晾衣服的場所，除了洗臉室外，可以選擇不影響日常生活行為、接待訪客方便且日照充足的房間。每次晾衣服的量，考慮內衣等換洗衣物，**約是兩根2m長的晾衣桿**，因此需要**寬、2.0m縱深1.0m**的空間。不用時可以摺疊收起的室內晾衣架，或是直接固定在牆壁、天花板的晾衣桿都很便利。

3 其他

將洗臉室機能中的洗臉行為分離出來，獨立設置訪客和女性專用化妝室，**室內寬度（1.5m以上）**可讓使用者不覺得空間侷促。也可以考慮採用雙洗臉台或是附帶椅子的洗臉台等讓使用者感覺貼心的設計。

室內晾衣服空間的平面範例

設計離樓梯或是陽台較近、
從主臥室也容易使用的場所
當做室內晾衣服空間的範
例。晾衣桿間隔為300mm、
距離牆壁約500mm方便晾
衣服的空間為佳。

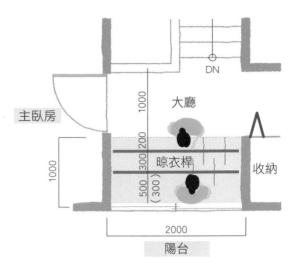

洗臉室分離的平面範例

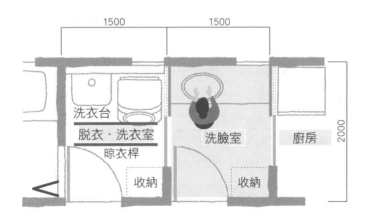

脫衣・穿衣、洗衣和洗臉分開在2個空間，物品不會雜亂，空間更顯整齊。
即使有人在浴室洗澡，其他人也能使用洗臉室。讓訪客使用也很方便。

3 水栓的高度為洗衣機高度＋300mm

機能考量

洗臉室有化妝洗臉台、洗衣機等大型物品，還有其他許多的設備品。將各個物品的樣式和設置時的注意點整理如下。

1 洗臉化妝台的高度

洗臉台高度依據使用者身高有不同建議的高度，使用者身高155mm為750mm、身高165mm為800mm、身高170mm為850mm。由使用時間和頻率來看，以**女性方便使用的高度為主**。

2 洗衣用設備的配置

洗衣機用的水栓，要設置在**不會被洗衣機擋住而且不影響洗衣機蓋子開闔**的位置。洗衣機機種不同高度也不同，水栓的高度約為**洗衣機高度＋300mm**的FL＋1.3m。水管配管的路徑以不破壞地基和土台為原則，沿著牆壁往上延伸，之後再蓋上配管修飾板。

洗衣機用的排水設備，有洗衣機底座和排水管兩種樣式。洗衣機若設在2樓，考慮到漏水的風險，建議設置洗衣機底座。一般的洗衣機底座的尺寸為640×640mm，如果是**大型洗衣機**還有640×740mm、640×800mm兩種規格可以選擇。若使用排水管，要注意洗衣機的排水位置。洗衣機正下方若有排水孔，需要其他附屬零件來連接排水管。

洗衣台可以**用來手洗衣物或是浸泡衣物**。有時洗臉台也可以當洗衣台用，如果使用頻率高，另外設置洗衣台比較便利。一般洗衣台尺寸為**寬500mm**、**縱深450mm**、高度FL＋810mm。和洗衣機一樣要有給水排水設備。

3 確保出入口門的寬度為750mm以上

為了可以搬運洗衣機進入洗臉室，門的寬度要確保750mm以上。向外開門會碰到通過走廊的人，內推門則會影響洗臉室內的人或是卡到浴室墊子。設計面的考量雖不推薦推拉門的活動門板安裝在走廊側，不過將活動門板設在洗臉室內側，會減少可設置開關和插座的壁面。考慮家族以外的人也會使用洗臉室，出入口門要加裝門鎖。

4 其他

毛巾架設置在**洗臉台方便拿取的位置**，高度FL ＋ 1.2m為基準。浴巾架則需要**700mm以上**的**寬度**。

體重計若無法直立收納在牆壁，要事先規劃收納場所。也有洗臉台的下方和地板間的踢腳板內凹空間可以收納體重計的樣式。一般體重計的大小約為250mm見方、厚度約30mm，但是隨著**機能多樣化**，**體積也有變大**的趨勢。

▎水栓‧洗衣台的設置範例

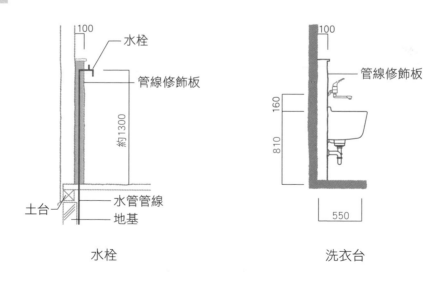

水栓

洗衣台

4 確保化妝洗臉台前有1m以上空間

考量安全・高齡者等

1 出入口門

考慮有輪椅使用者，內開門開關時要占用很大空間，不適合當做洗臉室的出入口門。單開門的隔音佳而且易上鎖，但是考量高齡者的使用安全，推拉門比較適合（參考「03廁所2-2」）。

2 地板材質（參考「03廁所2-3」）

3 洗臉台的設置

洗臉台設置在無法自立行走的輪椅使用者或是高齡者等容易使用的位置。洗臉台前有1.0m以上（標準0.6m以上）的空間。附帶椅子的洗臉台不但方便高齡者使用，化妝等長時間使用時也很便利。

4 扶手的設置場所

脫衣・穿衣或是進入浴室時，維持姿勢需要手抓扶手。扶手設置在浴室門旁邊，下端FL＋750mm、長度600mm以上（參考住宅性能評估・高齡者等考量對策等級5[牆底補強等級3]「03廁所2-5」）。

使用洗臉台時若用到椅子，可以考慮設置輔助站起坐下的扶手。

5 熱休克對策

為了緩和入浴前後身體受到急遽的溫度變化，洗臉室裡可加裝暖氣設備。或是平面設計時，讓主臥室和洗臉室相鄰，也是緩和熱休克對策。

洗臉台的配置

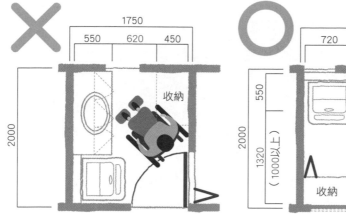

輪椅使用者需要回轉90度的配置範例。單開門會影響輪椅回轉，而且也無法設置收納櫃。

輪椅不需要回轉即可使用洗臉台的範例。確保洗臉台前要有 1.0m 以上的空間。

方便輪椅使用的洗手台

洗臉台下方有椅子空間的尺寸範例。使用輪椅，下方要有高度 650mm、縱深 550mm 的空間，洗臉台台面的高度約 750mm。

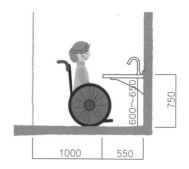

5 GL＋2.0m 以上確保隱私和增強防範犯罪效果

採光換氣‧隱私

1 設置窗戶的注意點

　　為了確保換氣和白天室內明亮，在可以遮蔽屋外視線的位置上設置窗戶。另外為了洗澡後或是洗衣時的濕氣可以排出，不單只仰賴自然通風，也要使用換氣扇換氣。

　　若窗戶設置在洗衣機後方，要比**洗衣機**（≒1.0m）和**水栓**（≒1.3m）**高度更高**，為了方便打開和關閉外推窗，選擇有手把操作開關的樣式。高度超過 GL＋2.0m 的窗戶，可以**防止偷窺**，也有**防範犯罪效果**。

　　將洗衣機和洗臉台的位置由靠建築物外牆側移動到隔間牆側，外牆就比較容易設置大開口的窗戶。想要有明亮的洗臉室，可以採用此類型的平面配置（參考61頁）。

　　有關窗戶的種類請參考「03廁所4-2」。

2 考量隱私

　　浴室和洗臉室是最需要顧慮隱私的空間。設計時要注意不只從屋外，玄關或是客廳等公開的空間都需要避免直接看到洗臉室（參考「01 玄關‧大廳6-3」）。

　　洗澡前後衣著和髮型都是比較不完備的狀態，洗臉室和臥室之間的動線也要注意隱私。

　　高齡者的臥室靠近洗臉室比較方便，若是兩代同堂，生活作息時間不同，設計時要多加考量注意洗衣機和吹風機的噪音問題。

設置窗戶的注意點

選擇可以越過洗衣機開關窗戶的樣式。

離地面 2.0m 以上的窗戶，可以遮蔽視線同時也有防範犯罪效果。

考慮隱私

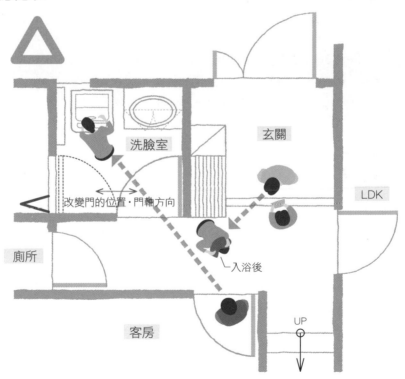

往洗臉室的動線會經過玄關大廳、樓梯，從客房也會看到洗臉室的範例。如果無法變更平面設計，可改變門位置和更改門軸方向，盡可能的顧慮隱私。

6 ## 洗衣機用插座建議FL＋1.3m

電器設備等

1 照明設備的配置

　　衛浴的吸頂燈和嵌燈要設置在洗臉室的中央。若做為訪客和女性用化妝室，照明建議選用符合室內設計風格的樣式。

　　照明開關可以設在走廊。不過本書考慮在洗澡時也可以關掉洗臉室的照明，建議將開關設在浴室門附近手可以觸及的位置。浴室照明和換氣扇的開關要設置在同一個位置。

2 插座的設置

　　洗衣機用的插座要設置在**不易受濕氣和灰塵影響、不會被洗衣機擋住**的位置FL＋1.3m。插座要有接地線和專用回路。

　　洗臉台附設的插座外，電風扇、吸塵器、暖氣機（熱休克對策）用的插座也集中設置在一處。如果洗臉室還兼做家事室使用，也需要熨斗和縫紉機的插座。

3 換氣扇等

　　如果洗臉室裡沒有窗戶，一定要設置換氣扇。即使有窗戶，洗澡和洗衣時的濕氣要能短時間換氣，也建議使用換氣扇。在室內晾衣服，設置室內晾衣用風扇，效果更佳。

　　換氣扇的外觀要美觀。換氣扇安裝在**洗臉室的天花板或是浴室的牆壁**（約FL＋2.3m），利用浴室上方的管線配置可以改變排氣的方向。

設置換氣扇的注意範例

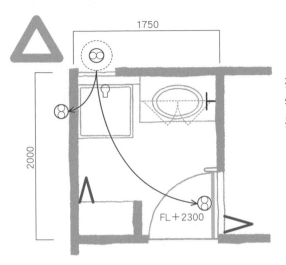

換氣扇設置在建築物的正面,有可能損壞整體美觀。

電氣設備的設置範例

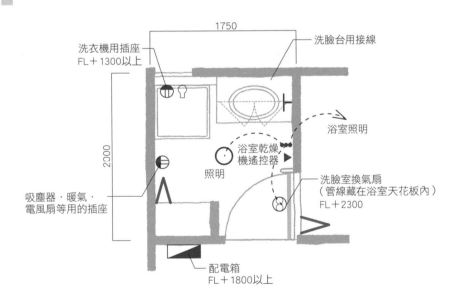

洗衣機用插座
FL＋1300以上

洗臉台用接線

浴室照明

浴室乾燥機遙控器

照明

洗臉室換氣扇
(管線藏在浴室天花板內)
FL＋2300

吸塵器‧暖氣‧
電風扇等用的插座

配電箱
FL＋1800以上

配電箱設在玄關或是客廳容易看到、容易操作的位置,避免設置在廁所、浴室等會上鎖的地方。洗臉室也可以上鎖,也需要避免。高度要在小孩碰不到的地方,不影響通行的位置FL＋1.8m以上。配電箱的尺寸因不同樣式不盡相同,大約是寬450mm、長320mm、厚度100mm。

建築物開口部的侵入對策和CP標章

由洗臉室走到屋外平台曬衣服。浴室也可以連通到庭園。這樣明亮又美好的洗臉室令人嚮往。

不過，這樣吸引人的洗臉室，反而該擔心的是侵入犯罪。洗臉室是住宅裡最需要確保隱私的空間，本來就不容易被看見；加上夜晚使用洗衣機時的聲音影響，發生侵入犯罪也不容易察覺。臥室設在2樓更是要擔心。開口部做好防犯對策，可防止侵入犯罪。

「有關防犯性能高的建築零件的開發・普及的官民合同會議」做了嚴格的測試，要花費5分鐘以上的時間侵入建築物，代表有一定的防犯性能。符合此標準的窗、玻璃、鐵捲門等會有CP（Crime prevention＝防犯）認定的貼紙標章。如果窗戶沒有這個貼紙標章，但若是尺寸為人不可能侵入的大小（400mm×250mm的長方形，400mm×300mm的橢圓，直徑350mm的圓等不能通過的開口部），在防犯上仍是有效的。

但防犯對策只有強化開口部是不夠的。建物周圍是否無死角、利用聲音（警報器）和光（感應燈）讓歹徒無法靠近，檢討敷地整體的防犯對策是必要的。

「CP標章」

是由日本警視廳、國土交通省、經濟產業省和民間相關團體共同召開「官民合同會議」進行嚴格的試驗後，符合標準的建築零件頒發此CP標章。

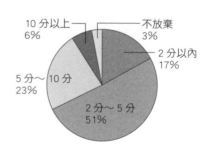

《小偷侵入和放棄的時間？》
出處：財團法人都市防犯研究中心「有關侵入竊盜的實際狀況調查報告書」，1994年。

05

浴室

考慮隱私和便利性・安全性

1 浴室空間設計的重點

因為重視隱私，浴室空間設計會特別注意遮蔽視線和隔音等，但是也因為重大家庭內意外事故常常發生在浴室，設計時要盡可能加強浴室的安全性。本書以使用方便和可選購安全配備的整體衛浴為基準。

2 綜整機能和要素

每個人對浴室的要求不一，有人覺得只是洗熱水澡，有人覺得是放鬆療癒的時刻。將各種機能性整理如下：

生活行為	相關物品
浴缸放熱水	放熱水遙控器、浴缸蓋
泡澡	浴缸、扶手
放鬆紓壓	電視、音響、按摩浴缸等
洗身體・頭髮	浴室用椅、浴盆、毛巾（架）、淋浴、水栓、鏡子
擦身體	毛巾（架）
晾衣服	換氣乾燥暖氣機、晾衣桿
保管	肥皂、洗髮用具等
空調（換氣・預備暖氣）	換氣扇、窗戶、換氣乾燥暖氣機

3 標準平面配置

整體衛浴針對各種構造、施工法、模組，對應各式各樣的尺寸和變化，以浴室內部尺寸（短邊 × 長邊）來標記尺寸。住宅性能評估・高齡者等考量對策等級中，對浴室的尺寸有詳細的規定。請參考右表。

浴室的標準平面配置（1818尺寸　公尺模具）

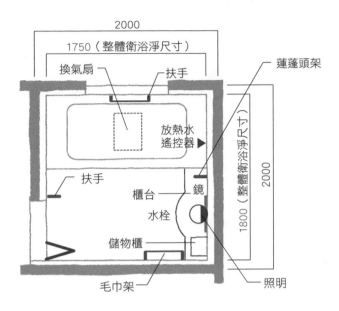

代表性的整體衛浴尺寸

尺寸（代號）	坪	面積（㎡）	淨尺寸（m）		性能評估等級
1216	0.75	1.92	1.20	1.60	—
1616	1.00	2.56	1.60	1.60	5
1620	1.25	3.20	1.60	2.00	5
1624	1.5	3.84	1.60	2.40	5
1818	公尺模具	3.15	1.75	1.80	5

高齡者等考量對策等級5：短邊淨尺寸1.4m以上，內部面積（牆的內側尺寸計算出來的地板面積）
　　　　　　　　　2.5㎡以上

等級3：短邊淨尺寸1.3m以上，內部面積（牆的內側尺寸計算出來的地板面積）
　　　　2.0㎡以上

坐的位置 600mm、站立的位置 750mm 等 4 個地方設置扶手

1 設置浴室的樓層

　　高齡者的臥室所在樓層一定要設置浴室（住宅性能評估．高齡者等考量對策等級 5）。浴室離臥室近使用上很方便，不過要採用隔音性能高的隔間牆等方法解決隔音問題。

2 出入口門的有效寬度為 800mm 以上

　　浴室的出入口，必須要**沒有高低差**（5mm 以內）（高齡者等考量對策等級 5）。門的有效寬度為 800mm 以上（高齡者等考量對策等級 5[等級 4、3 分別是 650mm、600mm]）。

　　門的樣式請參考下一項目（05 浴室 2-1）。

3 熱休克對策

　　為了緩和洗澡前後急遽的溫度變化造成的身體不適，特別是冬天，在洗澡前請使用浴室換氣乾燥暖氣機先提高浴室的室內溫度。除了使用家電設備外，在平面規劃階段也應該考慮因應對策（參考「10 主臥室 3-3」）。

4 扶手的設置

　　浴室內請設置輔助相關動作必要的扶手（A ～ D）。整體衛浴不是只有選擇標準配備品，應該視需要選擇必要的配備。

　　〈A〉**浴室出入用**的扶手，位置設在出入口的旁邊，下端高度 FL ＋ 750mm、長度 600mm 以上。

　　〈B〉沖澡區輔助站立和坐下用的直式扶手，位置在沖澡區的旁邊。**即坐下的姿勢也方便抓扶手**的位置，下端高度 FL ＋ 750mm、長度 800mm 以上。有扶手兼用蓮蓬頭架的樣式，相當便利。

〈C〉跨進浴缸時容易跌倒，在浴缸的附近設置直式扶手。可和〈B〉的扶手兼用。跨進浴缸的高度約400mm。

　　〈D〉**在浴缸內或外站立和坐下時，讓姿勢保持安定用**的扶手，安裝在浴缸的中央附近，比浴缸高＋200mm的位置，樣式為L型或是橫向扶手。注意扶手位置不要影響浴缸蓋子。

扶手的種類和配置範例

〈B・C〉

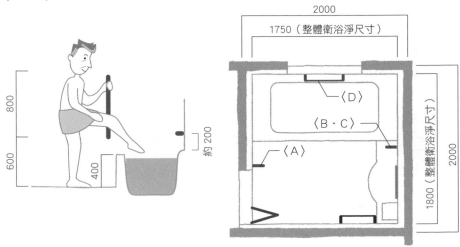

〈D〉

在高齡者等考量對策等級的等級5的規定中，除了〈B〉以外的扶手都要設置；等級2～4的規定則是一定要設置〈C〉扶手。另外安裝從浴缸移動到沖澡區用的橫向扶手（FL＋750mm）會更加安心。

2　0.8m×1.6m 是方便照護的沖澡區尺寸

考量照護

依照需要被照護的程度，所要求的機能和空間尺寸也不同。針對可以自行站立但是無法行走（造成身體負擔）、必須使用入浴用椅子的使用者，設計方便使用的浴室。

1 出入口門的樣式等

浴缸設在出入口的旁邊，不用轉向可以直接到達沖澡區。

內開門的缺點是開關門時需要的空間大，如果有人在浴室裡昏倒或是使用入浴用椅子時，門不好開關。

推拉門節省空間，開關門時不需移動身體是適合高齡者使用的樣式。不過門板設在洗臉室側的牆面，會影響洗臉室的備用品或開關等的設置，要多加注意。2～3片的推拉門是最可以確保有效寬度的樣式。

折門是最標準的浴室門樣式。有小型尺寸，不過若要符合**等級3**，請選擇**有效寬度600mm以上**的折門。

2 照護空間的確保

浴缸後方若有**約400mm**的空間，可方便照護者從後方**協助被照護者**入浴。不過浴缸的尺寸可能得因此縮小，可以利用照護用品如移乘台，由沖澡區移動身體到浴缸。

沖澡區的尺寸，**寬0.8～1.2m以上**、**縱深1.6m以上**。這樣的尺寸可以使用**入浴用的椅子**，照護者可以**由旁邊或是後方環繞協助被照護者入浴**。一般的1616尺寸的整體衛浴沖澡區為 0.8m×1.6m、1620 為1.2m×1.6m、1818為1.0m×1.8m。1616是由後方照護，1620和1818則是從旁邊照護的整體衛浴。

出入口和沖澡區的位置關係

若使用入浴用椅子，門的有效寬度為800mm以上

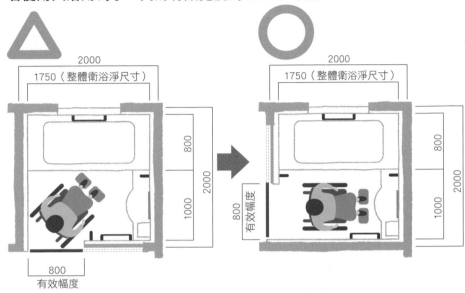

進入和退出時需要90度回轉。　　　不需要回轉即可以進入和退出。

照護空間

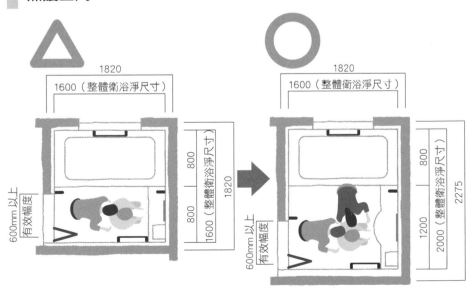

1616尺寸方便從後方協助被照護者。　　1620尺寸可以從旁邊協助被照護者。

3 避免設置要跨過浴缸（≒800mm）才能開關的窗戶

採光換氣・隱私

1 設置窗戶的注意點

為確保換氣和室內明亮，於不需在意屋外視線的位置設置容易開關的窗戶。入浴時可以看到外面（＝有開放感），表示從外面也容易看到浴室內部，此點要注意。

浴室的窗戶位置，限定設置在和浴缸連接的外牆。浴缸的長邊方向的牆壁可以設置比較大的窗戶，但需要跨過**浴缸**（≒800mm）才能開關窗戶，不好操作而且有摔落浴缸的危險。浴缸短邊方向的牆壁設置窗戶，雖然窗戶尺寸比較小，不過由沖澡區就可以開關窗戶。2樓設浴室，要在**不易摔落的高度**（窗台高度為800mm以上）設置窗戶，不過站在浴缸的邊緣有可能還是有摔落的危險，建議外側加裝鐵窗。

※窗戶的種類請參考「03廁所4-2」

2 考量隱私

和洗臉室一樣都是最需要考量隱私的空間（參考「04洗臉室5-2」）。

特別是設置像平開窗等比較大的窗戶時，請和鄰居的窗戶位置錯開。浴室的位置若配置在建築物的外角，請考慮建築外觀和隱私在適當的位置設置窗戶。和洗臉室一樣開窗的高度超過GL＋2.0m，從屋外**難以偷窺可有效防範犯罪**。

若和臥室相連，中間設置收納空間，或是使用隔音性能好的隔音牆做好隔音對策。

配置窗戶的注意點

浴缸長邊方向設置窗戶

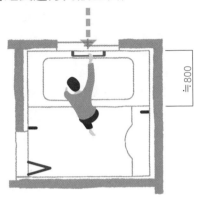

從沖澡區不易開關窗戶。平開窗難以遮蔽視線。

浴缸短邊方向設置窗戶

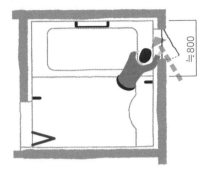

由沖澡區方便開關窗戶。推窗也可以遮蔽視線。

考量隱私

考量視線（外角浴室的窗戶配置）

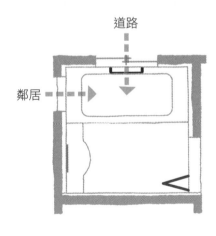

在建築物外角的浴室，配合周邊環境決定窗戶的方向。超過 GL ＋2.0m 的窗戶可以防止偷窺。

考量隔音

收納空間的隔音效果隨著收納物品的量有所不同。併用隔音材質的隔間板加強隔音效果。

寒冷的浴室和高溫的熱水

　　家中發生的意外死亡事故，有大約3成都是在浴缸裡發生。不算意外事故，但是因為在入浴中發病死亡的人數，更是其4倍之多，約是交通意外死亡事故的3倍。

　　在入浴中失去意識而淹死的原因之一，是從寒冷的浴室（脫衣室）進入浴缸、將身體浸泡熱水到肩膀這樣的入浴方法。浴缸的熱水溫度和洗臉室或浴室的溫度差引起身體的變化，稱為「熱休克」，會造成血壓的急遽變動、腦缺血或心肌梗塞的發作等。

　　特別是冬天的浴室，對高齡者來說是特別危險的區域。入浴中的死亡人數，沖繩等溫暖的地方較少，北海道等暖氣設備完備的寒冷地方也比較少。

　　為了減少熱休克造成的死亡事故，入浴前事先開暖氣讓浴室（脫衣室）溫度升高；如果沒有暖氣設備，則避免第1個進入泡澡，或是打開浴缸蓋子加熱泡澡水等方法。

　　另外，考慮到意外狀況，入浴前告知同住的家人，或是於浴室設置有通話、鬧鐘機能的熱水遙控器，和家人一同密切合作、互相照應很重要。

06

和室

考慮和室的明確用途和鄰接房間的連結關係

1 和室的設計重點

和室的設計重點是確立和室的用途。和室有許多的功能，像是可以當個室或是客房的獨立和室、適合辦法會的2間相連的和室、和客廳相連並重視其關係的和室等。另外，對於和室有許多特殊的習慣和規則，設計時也該一併考慮。

2 綜整機能和要素

考慮自己家裡最合適的和室類型。

（1）做為個室使用

生活行為	關連物品	附帶空間
休閒・興趣	電視、音響、電腦、茶几、座椅、坐墊	和室、木板地板的房間、寬外廊
睡眠	床、榻榻米、寢具	和室
打扮	衣服、梳妝台、衣櫃類	儲藏室、和室
保管	衣櫃、衣服、寢具	儲藏室、壁櫥

（2）做為客房使用

生活行為	關連物品	附帶空間
接待・法會	佛壇、神棚、茶几、坐墊	儲藏室、和室、佛堂間
裝飾・興趣	節日裝飾、掛軸、花、擺飾品、茶道、花道、爐	床之間[1]、和室、茶室
保管	坐墊、節日裝飾品等	壁櫥、儲藏室

3 標準格局

做為客房和個室使用的和室平面範例如右圖。做為客房時，床之間等的附帶空間的配置和榻榻米的排列方式都要考慮。做為個室時，除了床墊的收納外，其他的收納空間也要足夠。

註1：床之間是日本和室的一種裝飾。在和室角落，由床柱、床框做出一個內凹的小空間，以掛軸、插花或盆景裝飾。

和室的標準格局

8疊和室（客房使用）

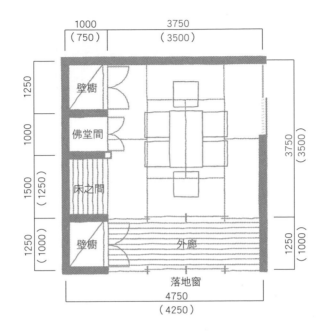

1000 (750)	3750 (3500)

- 1250 壁櫥
- 1000 佛堂間
- 1500 (1250) 床之間
- 1250 (1000) 壁櫥
- 3750 (3500)
- 1250 (1000)
- 外廊
- 落地窗
- 4750 (4250)

6疊和室（個室）　　　　　　　（客房使用）

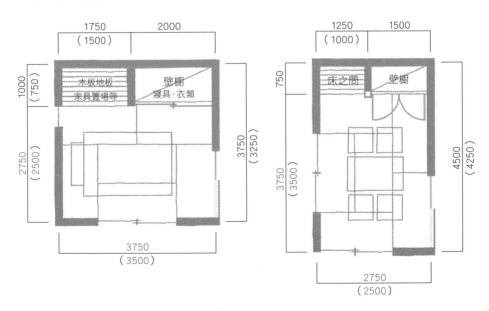

1750 (1500)	2000

- 1000 (750)
- 木板地板 家具置場等
- 壁櫥 寢具·衣類
- 2750 (2500)
- 3750 (3250)
- 3750 (3500)

1250 (1000)	1500

- 750
- 床之間
- 壁櫥
- 3750 (3500)
- 4500 (4250)
- 2750 (2500)

面積 ×0.605、面積 ÷1.62 為榻榻米疊數

必要空間

本書將房間的面積換算成榻榻米的疊數的方法，和做為客房或個室使用時所需要的「就寢、接待客人、收納」各空間的尺寸統整如下。

1 榻榻米疊數的換算方法

一般的計算方式為**壁芯面積[2]×0.605＝疊數**，惟依據「**關於不動產的表示公正競爭規約**」和其施行規則的規定，**1疊的面積為1.62㎡以上**。兩種方法都可以計算出榻榻米的疊數。

例：3.75m×3.75m（壁芯面積14.06㎡）的房間，以㎡×0.605計算為8.5疊、以㎡／1.62計算為8.6疊。

2 就寢空間

1組單人日式床墊所需要的空間為**寬1.5m× 縱深2.4m**。床墊的周圍要預留**行走的空間**，**2組床墊**則需要寬3.6m× 縱深3.2m的空間。

3 接待訪客空間

單人就座所需要的寬度為**0.6m**、**4人用的茶几**為**1.2m**（1.35m）、**6人座的茶几**則要**1.8m**的寬度。**茶几的縱深**為**0.8m**。另外，座墊的後方和茶几的周圍需要保留**接待客人用的通道**，以及**站立、坐下和鞠躬招呼的動作不受影響的0.6m以上**的空間。

4 收納空間

依照不同用途，所需要的收納量也大不同（參考「06 和室 4」）。

註2：牆壁的中心點開始起算，計算出的室內面積為壁芯面積。

換算疊數的範例

以㎡×0.605換算疊數的範例

橫／縱	2.5	2.75	3.0	3.25	3.5	3.75	4.0
2.5	3.8	4.2	4.5	4.9	5.3	5.7	6.1
2.75	4.2	4.6	5.0	5.4	5.8	6.2	6.7
3.0	4.5	5.0	5.4	5.9	6.4	6.8	7.3
3.25	4.9	5.4	5.9	6.4	6.9	7.4	7.9
3.5	5.3	5.8	6.4	6.9	7.4	7.9	8.5
3.75	5.7	6.2	6.8	7.4	7.9	8.5	9.1
4.0	6.1	6.7	7.3	7.9	8.5	9.1	9.7

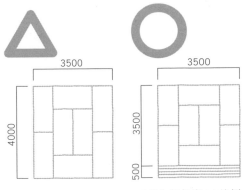

8疊為榻榻米1:1比例

換算表的8疊是指相當於榻榻米8疊的大小，只是房間的形狀不一定是正方形。長和寬的邊長如果差距太大，榻榻米的形狀會變形不自然，8疊約是1：1、6疊約是3：4的比例，剩下的地板改鋪以木板調整。

日式床墊・茶几所需要的空間

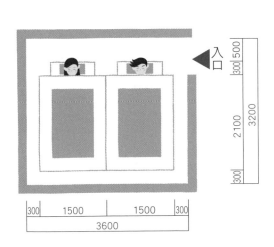

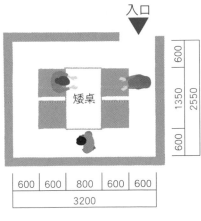

床墊其實很占空間。沙發話前面需要保留空間，座墊則是後方要保留空間。

2 京間（955mm×1919mm）及
江戸間（880mm×1760mm）

　　基於日本的傳統，和室有許多的規則和成規，設計和室時要能理解這些限制，並將其反映在實際空間。本書將有關和室的最基本內容整理如下。

1 榻榻米（尺寸和鋪法）

　　室町時代以京都為中心，建立了以榻榻米為基準設立柱子的「**疊割**」工法。之後江戶時代以關東為中心，建立了柱子所構成的內側空間鋪設榻榻米的「**柱割**」工法。前者的榻榻米尺寸稱為**京間**（955mm×1910mm），後者稱為**江戶間**（880mm×1760mm），其他還有被稱為中京間的尺寸。現在普及的工法是柱割，隨著模組或是牆壁厚度不同，榻榻米的基本尺寸也不同。

　　所謂的「**祝儀鋪法**」是指榻榻米和榻榻米連接處呈現T字的鋪法；「**不祝儀鋪法**」則是榻榻米的邊角呈現十字（4片）的鋪法。榻榻米的邊角要無誤差的併攏靠齊是很困難的，建議要盡量避免「不祝儀鋪法」。不過現在也有因為視覺美觀，特地採用4片呈現十字的鋪法。

　　4.5疊則忌諱中央的榻榻米採用半疊的鋪法，又稱為**切腹榻榻米**，尤其是中央半疊和周圍的榻榻米呈現卍字有不吉利的象徵。

　　「**床插**」是指榻榻米的短邊插向「床之間」的鋪法，要盡量避免。

2 外廊

　　除了做為通往和室的通路，也可以當做簡單的待客空間。雖然有許多不同的說法，一般寬度超過1.2m以上的外廊即稱為**廣緣**（參考「06 和室5」）。

榻榻米的鋪法

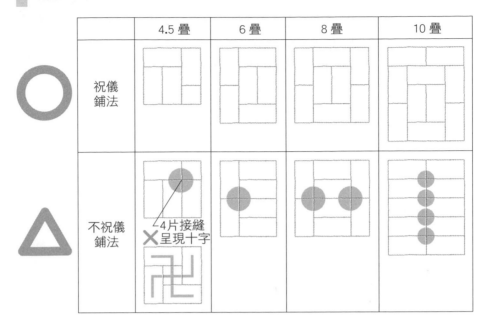

	4.5 疊	6 疊	8 疊	10 疊
○ 祝儀鋪法				
△ 不祝儀鋪法	4片接縫呈現十字 ✕			

「床插」的榻榻米鋪法

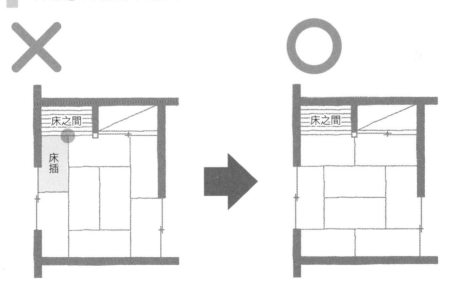

做為茶室的和室有時會採用「床插」的鋪法（參考106頁）。

3 床之間

床之間的尺寸配合和室的大小設計。若床之間的寬度為1.0m，**縱深**設計為0.5m～0.75m的比例較適當。

自古以來為了避北風和西曬，將床之間設置在南邊或是東邊，即使是現代也是維持這種配置。

靠近床之間的位置是上座，靠近出入口的位置則是下座。

交錯的隔板、靠近天花板的收納櫃和靠近地板的收納櫃構成的空間稱為「床脇」。若要設置床脇，交錯隔板的最上段要靠近床之間的一側。

4 佛堂間

和床之間一樣，盡可能配置在南邊或是東邊。佛壇的上方為建築物屋頂，原則上不可以踩在神明的頭上。

佛堂間的寬度由佛壇的擺放方式決定（佛堂間內的佛壇門可以打開，或是佛壇門打開時會超出佛堂間範圍），設計時要事先確認。一般的3尺用佛壇若要放進去佛堂間，需要**寬1.0m×縱深0.75m**以上的空間。佛堂間是否要安裝門和其樣式（軸迴[3]等）要事先確認。

和室的出入口要避免設在佛堂間的前方。

5 神棚

安裝棚板，或是用壁櫥的上方收納櫃空間來祭祀神明。絕對不可以面向著佛壇或是設置在佛堂間的上方。

6 其他

天花板的竿緣[4]或是接縫都要避免床插。天花板為了要無接縫施工，要事先確認天花板材料的尺寸。

兩個房間相連的和室，有床之間的和室是上位，4片和室門的中央2片要向著有床之間的和室。

註3：佛堂間的雙外開門，為了不要在打開門時影響到佛壇的使用，在佛堂間的兩側設置軌道，收納門板的構造。

註4：竿緣是日式建築常見的天花板作法，採用細長木頭以等比例規格交錯穿插，形成矩形式樣。

床之間的寬和縱深

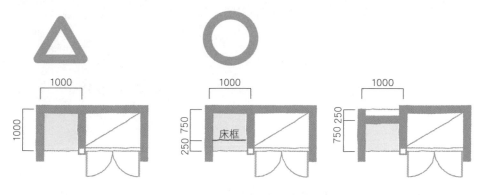

寬＝縱深，比例不佳。

加設床框，或是改變床之間的縱深，調整比例。

床之間、佛堂間和出入口的位置關係

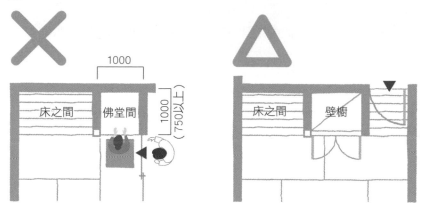

佛堂間前有出入口的不佳範例。

原本床之間的前面是上位，但靠近出入口變下位的配置範例。

3 **地板的高低差在5mm以內**

考量安全‧高齡者等

做為個室使用的和室，不只是為了安全，考量減輕日常生活負擔也很重要。

1 高低差

榻榻米的厚度**JIS規格**[5]規定為**55mm、60mm**。隨著和木質地板同厚度的「**薄疊（榻榻米）**」普及化，無障礙空間的對應更容易，施工更簡略。幾公分的高低差很難察覺，容易造成危險，因此地板要做成**無高低差的構造（5mm以內）**。

2 出入口門

符合和室的風格，出入口的門使用容易開關的推拉門。推拉門的旁邊設置保持姿勢用的扶手，可以更安心（參考「03 廁所2-5」）。

門設在榻榻米的長邊，出入時才不會踩到榻榻米的接縫或是邊緣。

3 收納、其他的考量

為了減輕床墊搬上搬下的負擔，在**壁櫥下層裝設有附輪子的床墊架**，中層的高度約800mm。壁櫥的門為2片門或是3片門，開口大可以方便放置和拿出物品。

衣櫥請收納在儲藏室。如果要放置在室內，請避開出入口和睡覺的地方，放置在木板的地板上，並做好地震時防止櫃子傾倒的措施。

對高齡者來說，開關窗戶和鐵捲門會造成身體負擔，因此選用大型把手開關或是電動鐵捲門等可以輔助日常生活的設備（參考其他、「10 主臥室3」）。

註5：JIS規格是Japanese Industrial Standards的縮寫，是由日本產業標準調查會（JISC）組織制定和審議。

出入口的榻榻米鋪法

會踩到榻榻米的接縫或是邊緣，不好走且會讓榻榻米容易損壞的範例。

美觀且好走的範例。有扶手更佳。

和室裡設置儲藏室的範例

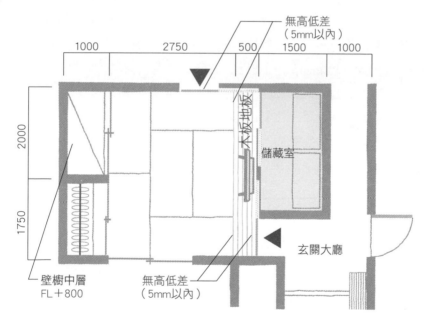

收納床墊棉被的壁櫥、收納衣服的衣櫃、收納衣櫃的儲藏室的範例。
一部分的地板使用木板材，方便放置電視等。

4 寬1.75m的壁櫥，採用外開和室門可以多用途使用

確保收納

根據和室的不同用途，所需要的收納量也大不同。做為個室使用時，應設計足夠收納衣服或生活用品的收納空間。

1 壁櫥的寬、縱深和棚板

一般棚板的構成為，中層棚板＋上層棚板，或是中層棚板＋上層收納櫃。

中層棚板的高度適合床墊收納、掛衣服等，下層的空間（有效高度**約800mm**）可以擺放抽屜式的收納家具或是做為床墊架的收納空間。

鄰接天花板的上層收納櫃，可以收納平常不使用的輕的物品，或是做為中央空調設置空間。上層棚板是安裝在中層棚板上方的棚板，縱深**約中層棚板的一半（400mm）**，和上層收納櫃一樣適合收納輕的物品。

事先規劃壁櫥的寬度和縱深尺寸，以**可收納和取出床墊的尺寸**為主。寬**1.25m以上（有效淨尺寸1.1m以上）、縱深1.0m**是必要的。寬**1.75m**的壁櫥若使用**平開的和室紙門，有效的開口寬度不夠。**如果要採用平開門，壁櫥的寬度要有2.0m。縱深只有0.75m時，**採用外開的和室紙門才方便使用壁櫥。**

2 做為附帶空間的儲藏室

做為個室使用時，只有**寬2m的壁櫥收納空間是不夠的**，所以要加設附帶空間的儲藏室。如果有衣櫃，要規劃儲藏室有足夠空間可以放進衣櫃（參考「10 主臥室2」「12 儲藏室・衣櫃間1」）。

壁櫥棚板的構成

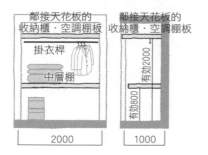
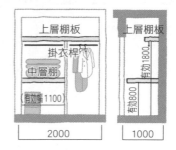

中層棚板除了收納床墊外，也可以掛衣服。

收納床墊需要的空間設置中層棚板，其他的空間掛長外套的衣服的範例。

壁櫥寬・縱深及和室紙門的關係

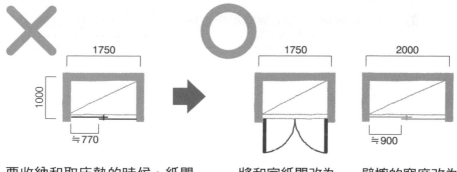

要收納和取床墊的時候，紙門的有效開口寬度不足。

將和室紙門改為雙外開門。

壁櫥的寬度改為 2.0m

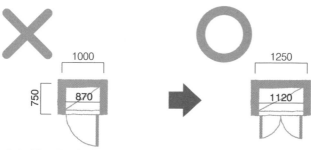

○收納和取出床墊所需要的有效寬度為 1.1m 以上。

5 外廊寬度900mm的採光計算

採光換氣

和室有像床之間等許多的附帶空間，所以不容易設置窗戶。就做為起居室所需要的採光、換氣面積等觀點來考量窗戶配置。

1 配置窗戶的注意點

有外廊或2間相連的和室，特別容易潮濕陰暗。若有外廊，盡量整個開口都設窗戶。壁櫥可以懸空設計，下方設置地窗或是設天窗。床之間或佛堂間設置在隔間牆側，就容易設置窗戶。不過要注意可能會變更原有的樣式，或是無法設置壁櫥空間。

2 關於採光計算

以隨時可以開放的拉門分隔成2個房間的和室，可以當做1個房間來計算採光・換氣。「隨時可以開放」的定義為是否到達第2個房間的寬度的一半以上。

寬度不滿0.9m的外廊，計算方式為「**外廊的窗戶＝旁邊房間的有效採光面積**」。寬度0.9m以上為「**外廊的窗戶×7/10＝旁邊房間的有效採光面積**」。如果外廊寬度超過2.0m以上，則將外廊視為**房間**。詳細的規則請向所在的行政機關確認。

3 換氣的注意點

防止黴菌的有效對策是保持通風良好。只是雨天的時候濕氣很高，榻榻米反而容易吸收濕氣，建議使用除濕機。也可以考慮使用和紙或是化學纖維的防霉榻榻米樣式。

配置窗戶的注意點

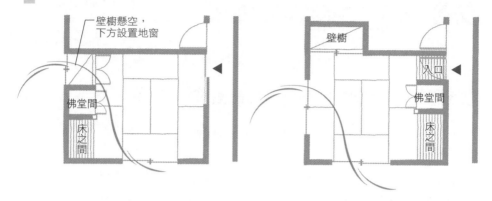

床之間、佛堂間設置在面向東邊側，因此不容易設置窗戶。改良方法就是將壁櫥懸空，下方設置地窗。

床之間、佛堂間設置在面向西邊側，容易設置窗戶，不過和原有的樣式有不同，也難確保收納空間。

有效採光面積的計算方法

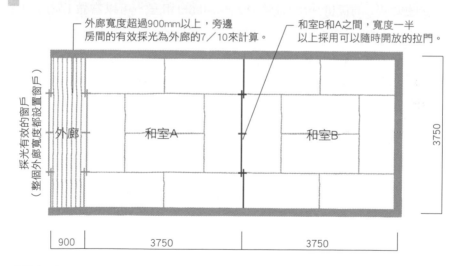

即使外廊的窗戶符合採光、換氣的基準數值，不代表外廊旁的2間相連和室的光線、空氣環境就符合基準。兩邊開口處盡量設窗戶。

6 視線高度降低200mm，坐下時空間的器具配置

1 坐在地板時空間的照明設備的高度

一般的房間會在中央設置吸頂燈和吊燈等照明。2間相連的和室則盡量器具配置和設計風格一致。

和室是「床座」（坐在地板）的空間，視線比客廳約低200mm。同樣的床之間的地板等都是在低的位置，吊燈的位置降低，或是併用落地燈，將光的重心降低，讓整體空間變沉穩。

注意設置床之間的燈不能直接看到光源。橫向的長照明，可以讓整體空間明亮。嵌燈則可以讓擺飾品看起來更有立體感。

2 插座、開關的設置

佛堂間需要有佛壇用的插座。如果設有軸回的外開門，插座的位置會落在佛堂間最裡面，插座和開關設在一起會較好使用。床之間要設有節日擺設品用的插座。和室是高齡者常利用的空間，插座的高度要讓高齡者**容易插和拔插頭**，推薦插頭FL＋400mm、開關FL＋1000mm。

3 確保空調機的空間

特別是客房，為了要設床之間可以裝空調機的位置有限。設計規劃階段就要確保安裝空調用的牆壁。如果沒有和戶外相連的牆面供安裝空調機，在可以維修保養的範圍內，將空調機的配管安裝在壁櫥裡；室外機安裝在不醒目的地方，外觀也要和整體空間調和。壁櫥的上方收納櫃設置中央空調機，不會破壞和室的整體設計。有1.0m的寬度就可以安裝空調機。

4 裝設感應警報器

　　和室做為臥室使用時，必須要裝設熱式或是煙式感應警報器。當做客房使用時也要裝。如果有和其他警報器連動的樣式更佳（參考「07 廚房 4-4」）。

▊ 電器設備的配置範例

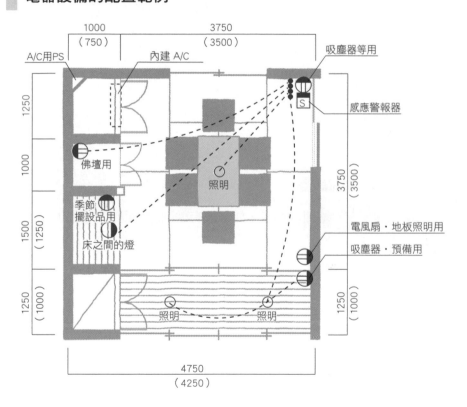

和式的天花板有一般的平天花板、竿緣天花板和船底天花板[6]等樣式，要注意有時無法安裝吸頂燈。

註6：船底天花板是天花板的中央較高，天花板的形狀如同船底的形狀反轉的樣式。

茶室火爐和床之間、榻榻米的關係

日本的茶道有許多的流派。這裡介紹一般的火爐、床之間的配置以及榻榻米的鋪法。

一般最為人熟知的茶室是4疊半配置。北邊有床之間，中央的地板往下切開方形安置火爐，這樣的配置稱為「4疊半本勝手切下座床」。每種配置都有所屬的榻榻米鋪法，和主人、客人的出入口的規則。

隨著季節變化使用火爐的種類不同，榻榻米的鋪法也不同。天氣寒冷的季節（11月～4月底）是用爐，天氣炎熱的季節則是用風爐。在4疊半下座床、8疊和室進行茶會的時候，用床插的榻榻米鋪法也沒問題。

◎4疊半本勝手⁷切

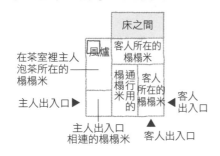

◎4疊半本勝手切下座床⁸

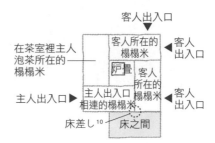

◎4疊半本勝手風爐使用時

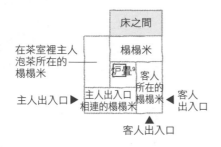

◎在8疊和室進行茶會的時候

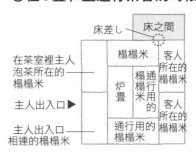

註7：本勝手又稱右勝手，茶會的時候，客人坐在主人右邊的形式。
註8：下座床是主人坐在點前座的時候，床之間在主人後方。
註9：榻榻米挖出約42公分見方的洞穴安置火爐。天氣寒冷的11月到4月使用。
註10：是指榻榻米的短邊插向「床之間」的鋪法

07

廚房

好整理和有效率的家事動線

1 廚房的設計重點

現今的潮流是在LDK的中心設置廚房,廚房從過去的「隱藏空間」變成「魅力空間」。除了廚房廚具組的設計感,加上設計巧思讓廚房好整理和家事動線變得有效率,讓廚房空間既美觀而且實用。

2 綜整機能和要素

廚房做為家事的據點,是會長時間停留的空間,將其課題整理如下表:

生活行為	相關物品
烹飪	廚具組、烹飪用具、食品(冰箱、食品儲藏庫)、碗盤(碗盤櫃)、廚房家電(電磁爐、電鍋、熱水瓶、吐司機等)、垃圾桶
端盤上菜	吧台、餐桌
整理・清掃	廚具組、洗碗機、洗碗精、清掃用具、垃圾桶、小門
保管	冰箱、食品櫃、食品庫(食品、飲料、調味料等)、地板下收納庫
換氣	換氣扇、窗戶、火災警報器
其他	輕食、聊天

3 標準格局

做為主角的廚具組,和收納、冰箱等相關物品適當配置,讓烹飪、端盤上菜和整理工作都能更舒適有效率的完成。並且考量和相關空間如餐廳或洗臉室等的便利性來規劃設計。

廚房的標準格局

靠牆廚具的範例

中島廚具的範例

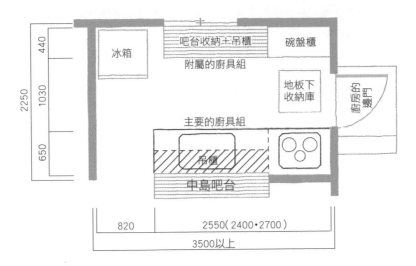

1 檢查冰箱、瓦斯爐、水槽構成的 黃金三角距離 3.6m ～ 6.0m

必要空間

廚房的配置，隨著烹飪人數不同，適合的空間寬度和縱深也不同。請理解必要的尺寸，以設計工作效率高的廚房。

1 廚房等設置空間

廚具的標準規格以 **150mm 為單位**遞增，以 **2.4m**、**2.55m**、**2.7m** 這三個尺寸最普遍。廚具寬度愈是寬敞，**料理空間**更寬廣、**收納量**也愈多。一般廚具的縱深是 **650mm**，如果是中島式廚具也有超過 **1m** 的樣式。

廚具的料理台高度約為**身高 ÷2 ＋5cm**（參考下圖）。

L 型的廚具看起來豪華，即使廚房不夠寬敞也可以設置，但是要注意轉角的部分不好使用，也會影響冰箱和收納櫃的配置。

碗盤櫃和家電的設置空間（附屬的廚具組），理想狀況是和**主要的廚具組背面相同寬度**。如果沒有足夠的空間，寬度至少確保有 **1.8m**（例如：家電櫃＋碗盤櫃）。標準縱深是 **440mm**。

垃圾桶放置區需要約 **300mm×750mm**（垃圾桶 1 個 300mm×250mm，垃圾分類用 3 個）。考量是否需要設置廚房邊門。

廚具流理台的高度

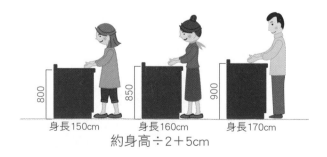

800　身長150cm　　850　身長160cm　　900　身長170cm

約身高 ÷2 ＋5cm

廚房的必要空間尺寸

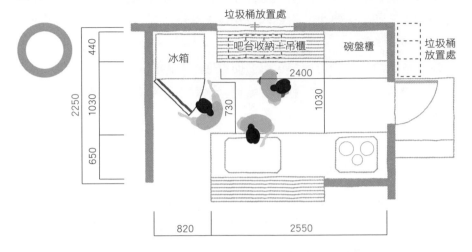

若廚房的縱深2m冰箱前面會太狹窄。縱深若為2.25m，主要廚具和附屬廚具的走道間隔1.0m，使用方便。

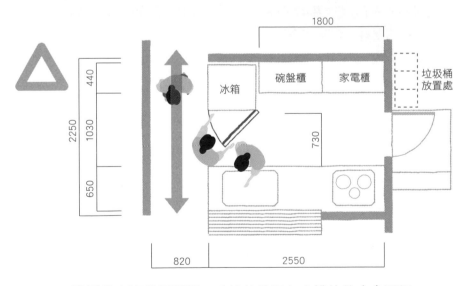

廚房的旁邊若設通道，冰箱的位置在水槽的後方會不好使用。收納空間也變少，建議收納空間寬度至少要有1.8m。

放置冰箱所需要的空間尺寸，冰箱寬度和縱深都約0.7～0.75m，並且預留散熱需要的空隙。冰箱門選擇左開還是右開，搬進廚房經過的路徑等都要事先確認。一般來說附屬廚具和冰箱的縱深不同，將兩者面對面設置使用方便且美觀。

離餐廳近的位置設置冰箱，可方便拿取冰箱的飲料等。避免將冰箱設置在瓦斯爐背面，不但離餐廳位置太遠，拿取東西時和烹飪動線重複，易發生危險。

2 作業・通道空間

廚房的作業效率，由**冰箱、瓦斯爐、水槽**所連結的**作業黃金三角**來評估。適當的距離長度為，**冰箱～瓦斯爐** 1.2～2.7m、**瓦斯爐～水槽** 1.2～1.8m、**水槽～冰箱** 1.2～2.1m，總計 3.6～6.0m 的範圍內是使用方便的廚房。三角的一邊距離太長會讓無謂的動作太多，太短則會空間不足，造成開關門和烹飪不便。最有效率的距離是黃金三角各點之間，移動兩三步是最理想。

主要廚具和附屬廚具的間隔以 1.0m 為基準，最少也要有 0.8m，如果是**2個人一起烹飪**，最好要有 1.3m 的間隔。

由廚房**搬運料理**到餐廳的走道寬度，要確保 0.8m 以上。另外，設置由廚房出入屋外的邊門，方便丟垃圾和搬運食品。

工作黃金三角

A	冰箱 ⇔ 瓦斯爐	1.2m～2.7m
B	瓦斯爐 ⇔ 水槽	1.2m～1.8m
C	水槽 ⇔ 冰箱	1.2m～2.1m
A+B+C		3.6m～6.0m

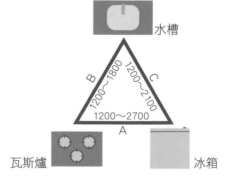

冰箱的配置和工作黃金三角

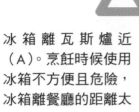

冰箱離瓦斯爐近（A）。烹飪時候使用冰箱不方便且危險，冰箱離餐廳的距離太遠。

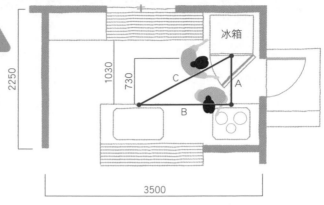

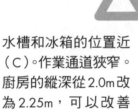

水槽和冰箱的位置近（C）。作業通道狹窄。廚房的縱深從2.0m改為2.25m，可以改善使用上的不方便。難以判斷冰箱門要選擇左開還是右開。

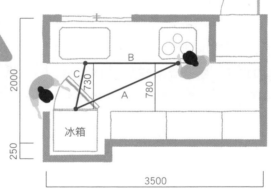

全部要素都符合基準的範例。冰箱距離烹飪區域一段距離，可以安全開關門，離餐廳的位置近，方便拿取飲料等。

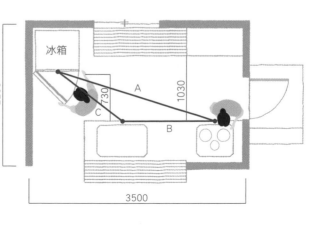

2 陳列家電的吧台長度為 1.5m 以上

確保收納

　　廚房裡有各式各樣的種類、用途、形狀的物品。考慮各個物品的使用頻率和作業的順序，將其分類和收納以方便使用。愈是獨立式的廚房，愈是容易規劃收納空間；相反的，規劃開放式廚房的收納就比較困難。開放式廚房雖然美觀，但是如何維持需要善加計畫。

1 收納空間和使用便利

　　廚房有碗盤櫃、附屬廚具組以及其他的收納空間。並非只要滿足收納總量即可，重要的是要有收納計畫，在適當的場所收納適當的物品。

　　以身高160cm的人為例，拿取32cm以下的收納物品需要蹲下，32～64cm需要彎下身。抽屜高度144cm以下，可以拿取物品的最高高度為184cm。所以可以規劃64cm以下和184cm以上的空間收納一些不常使用或是重的大的物品，容易拿取的64～184cm範圍內則有效率的收納物品。

2 碗盤櫃收納

　　水槽下方的收納以鍋子、盆等烹飪用具為主；瓦斯爐下方收納鍋子或平底鍋等鍋具；工作台下方則是烹飪用的小物品等。考慮作業的順序，在使用場所附近收納相關物品。

　　吊櫃的標準高度是700mm，考慮到很難拿取最上層的物品，所以不能收納頻繁使用的物品。有可操作把手降低整個棚架的樣式（參考右圖），如此一來，棚架好拿取、可利用的範圍更廣，也可以更安全的拿取物品。

收納物品和高度的關係

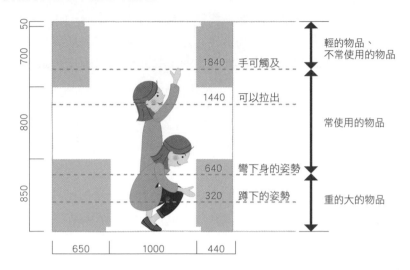

只有櫃台收納，64～184cm方便拿取的使用範圍的收納量是不足夠的。

碗盤櫃的收納範例

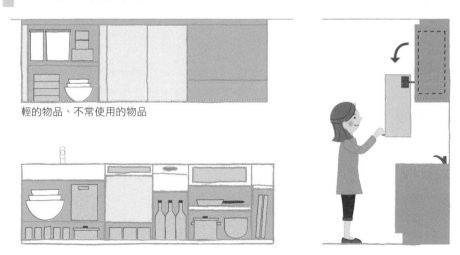

考慮作業順序，在使用場所附近收納相關物品。若不設置洗碗機，原本洗碗機的空間可以當作收納使用。

3 碗盤收納

高櫃收納、櫃台收納、吊櫃等組合利用。高櫃有大收納量，可是有壓迫感。櫃台的收納量雖然不如高櫃，不過可以設置窗戶，並且可以做為家電或是烹飪用具的臨時放置場所等，方便又有開放感。縱深約 **440mm**。

4 家電收納

家電櫃是電鍋、熱水瓶專用的收納處，有預留孔隙排蒸氣，抽屜可拉出使用。寬度600mm以上。

經常使用的家電（電磁爐、電鍋、熱水瓶、烤土司機）排列在櫃台上，需要1.5m以上的寬度。若設置吊櫃，和櫃台之間有600mm以上的距離才方便使用電鍋。

櫃台裡收納其他如電烤盤等大型廚房家電，吊櫃裡收納不常使用的小型家電。

5 食品收納

設有**食品櫃**（儲藏間）可方便保管儲存食品、調味料、餅乾、飲料等。**薄型的收納櫃（250mm以上）收納調味料和罐頭，方便清點管理在庫數量。縱深**超過1m的儲藏間不易取出深處的東西，所以要規劃成人可以進出的儲藏間類型。

6 地板下收納

地板下收納庫（檢查維修口）若設置在廚房，蓋子會有縫隙鬆動，應該避免設置在水槽前面等會長時間停留的地方。雖然地板下收納庫有一定的收納容量，但是特別是高齡者要拿取很不方便。大小約**600mm見方**、深度400mm。

▎家電收納櫃・櫃台收納

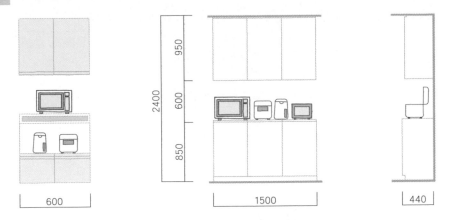

家電可以收納在家電櫃，或是放置在櫃台上。櫃台收納
有開放感，但是缺點是容易顯得雜亂，收納容量也少。

▎食品櫃、地板下收納庫的設置範例

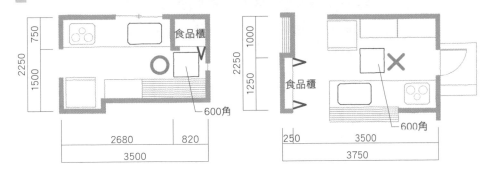

啤酒或米等又重又占體積的食物，
有專門收納的儲藏間（食品庫）會
很方便。地板下收納庫的位置要事
先規劃。

薄型收納櫃適合收納調味料等體積
小又輕的食物，地板下收納庫的位
置放在水槽前面會不好使用。

3 防止幼兒進入的柵欄高度約 500mm

安全・高齡者考量等

瓦斯爐火災或是水、油、高低差等原因造成的跌倒、刀刃造成幼兒或高齡者的受傷等，廚房裡容易發生許多家庭內意外事故。下功夫設計並考量適合樣式，讓家人能安全及舒適地使用廚房。

1 裝修材料

選擇地板的鋪面材質請參考「03廁所2-3」。為了防止地板髒汙而在廚房鋪設地墊，卻可能成為絆倒的原因。

廚房使用瓦斯爐，要遵守日本國土交通省告示第225號的裝潢限制。限制範圍內要使用特定的不可燃材質。

2 防止幼兒進入的柵欄高度約 500mm

防止幼兒進入廚房的對策之一是設置高度約500mm的柵欄。隨著平面配置不同，有時難以設置柵欄，並且防止幼兒進入的柵欄有時反而對高齡者造成危險。

3 高低差、機能方面的考量

廚房裡若設置可以穿脫鞋玄關邊門（0.75m×0.5m），為了避免高低差造成危險，請設置在烹飪動線外。邊門大多設計上比較簡陋，因此請設置在從客廳看不到的位置。廚房裡面若有設食品儲藏間和邊門，寬度至少要有4.5m。

相對於瓦斯爐，電磁爐沒有用火不會引起衣服起火等火災，是能有效防止住宅火災的設備。

使用瓦斯爐的室內裝修限制

天花板高度2.4m、火爐到天花板高度1.55m，是室內裝修限制的範圍。

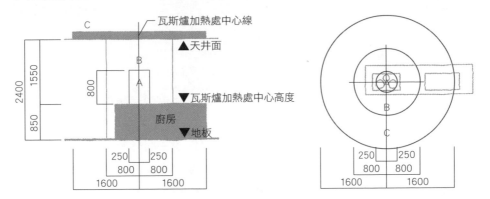

以瓦斯爐為中心，A為半徑250mm、B半徑800mm、C是到天花板的半徑1600mm。A～C各別的範圍內裝修材料有不同的限制，必須要使用特定不可燃材料。詳細的規範參考日本國交省告示第225號。

有玄關的邊門和防止進入柵欄設置的範例

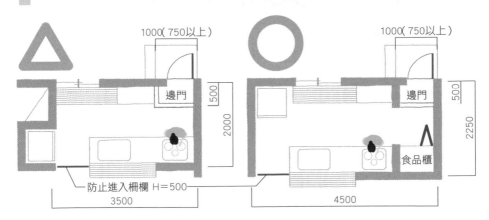

邊門設置在從客廳不容易看到的位置是好的配置，不過烹飪時可能會誤。

有玄關的邊門設置在烹飪動線外，可以安全地使用。廚房寬度需要4.5m以上。

因應家電配置在適當的位置，插座至少要8個以上

1 照明設備

廚房的照明可以分為整體用、水槽用、流理台用以及抽油煙機用。**流理台、水槽推薦的照明亮度約為300流明**。

獨立式廚房或是有設吊櫃，即天花板和其他空間分離，需要規劃廚房單獨的照明計畫。這時候需要和廚房形狀一致的橫長型照明器具，能照亮每個角落。要注意吊櫃的門開關時，不會影響照明燈具。

若是開放式廚房，天花板和其他空間相連，請就整體的天花板管線圖設計規劃燈具設計、配燈、燈色等。

2 插座

家電用、烹飪用、冰箱用、餐廳用和預備用等，有接地線或是專用迴路等因應各種用途的各種類的插座，請**設置8個以上**。即使不使用洗碗機或是電磁爐，考慮未來整修可能有需求，事先預留預備用的插座。

插座如果堆積灰塵很可能會引起火災。櫃台收納上方的家電用插座高度約 FL ＋ 950mm；冰箱用插座約為 FL ＋ 1900mm，在可以目視的位置。

3 其他

抽油煙機設置在距離瓦斯爐 800 ～ 1000m 的範圍，並且不會撞到頭的位置。另外為了有效率排掉油煙，在廚房或是餐廳的**不明顯且不在意氣流的位置**，設置 150Φ 的排煙孔。

門鈴對講機安裝在牆面中央FL＋1450mm（≒視線高度）。對講機若和浴室熱水遙控器、燈開關等鄰接，整合調整排列位置讓牆面美觀。

4 感應警報器裝置

使用火的房間，需要設置熱式（差動式[1] 以外）和煙式的感應警報器。如果有和其他警報器連動的樣式更佳。

警報器若要**設在天花板**請設在天花板中央位置（煙式警報器距離牆壁600mm）；若**設置在牆壁**，請設在離天花板150 ～ 500mm的範圍內。**距離換氣扇或是空調1500mm**，有時**離照明器具的距離**也有規範。

日本各個市町村條例有規定警報器的設置基準，請跟所管轄的消防單位確認。

電氣設備的設置範例

中島・有吊櫃的廚房

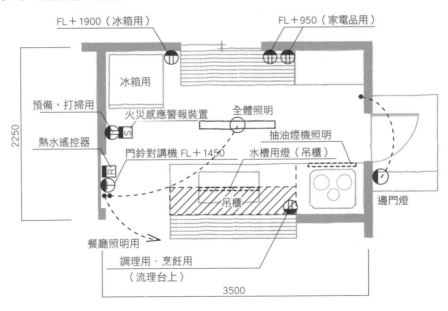

FL＋1900（冰箱用）　FL＋950（家電品用）

冰箱用

預備，打掃用

火災感應警報裝置　全體照明

熱水遙控器

抽油煙機照明

門鈴對講機 FL＋1450　水槽用燈（吊櫃）

2250

吊櫃

邊門燈

餐廳照明用

調理用・烹飪用

（流理台上）

3500

註1：差動式警報器是利用隨著周圍溫度上升，警報器內部的空氣膨脹觸動警報的原理。感應溫度不一定，且無法感應出緩慢上升的溫度。

廚房又熱又冷

　　廚房是閉鎖的空間，空調的氣流不容易進來，再加上烹飪和冰箱等大型家電的排熱，會讓整個廚房空間變得很悶熱。長時間待在廚房很辛苦，夏天特別容易中暑。如果廚房有開窗通風會好一些，但若是沒有窗戶，可以使用循環換氣扇讓整個空間的空氣對流，減輕廚房的悶熱。

　　烹飪中使用換氣扇，同時打開距離換氣扇較遠的窗戶，可以更有效率的讓空氣流通；但是如果同時開冷氣，冷氣也會一起排出。如果可以由換氣扇近的窗戶排氣，可以減少冷氣的排出量，也可以有效的通風。廚房請至少設置1處窗戶（出入口）。

　　廚房的寒冷對策也很重要。冬天的早晨特別會從腳底感覺到寒氣上升。作業通道上如果放置電暖氣，有造成火災的危險，最好是裝設地暖設備。

　　從平面配置上下功夫也可以改善廚房的環境。一般中島型廚房的瓦斯爐都是設置在外牆側，如果是改為設置在隔間牆側，外牆就可以有比較大的開窗。落地窗比起廚房邊門的玻璃面積約有3倍多，可以營造開放明亮的廚房空間。

　　若是廚房和相鄰洗臉室之間的門設為推拉門，平時可以打開，不但不會影響烹飪工作，通風效率也更好。

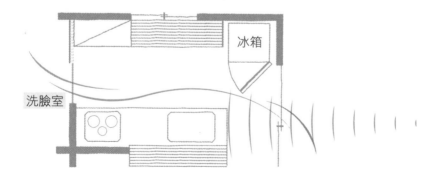

洗臉室

冰箱

08

餐廳

即使家族成員只有4人，考慮使用6人用的餐桌

1 餐廳空間設計的重點

居家生活的多樣性，呈現在餐廳不只是吃飯的地方，更是家人聚集的地方（＝家庭起居室）。由在餐廳發生的生活行為，以及和相連空間如廚房、客廳等的關聯性，來考量餐廳所應有的機能。

2 綜整機能和要素

考量除了用餐以外的機能，生活行為和相關物品的關係整理如下：

生活行為	相關物品
飲食	餐桌、椅子、食器類、烹飪器具（瓦斯爐等）
讀書·家事	桌子（餐桌）、椅子、電腦、印表機、紙筆文具、印章、熨斗（台）、縫紉機
放鬆紓壓	餐桌、椅子、電視、音響（收音機）、報紙雜誌、書
接待訪客	餐桌、椅子、電話、傳真機、門鈴對講機
裝飾	畫、擺飾品、花、棚架板
保管	家事用品、藥品類、舊報紙、工具類、書

3 標準平面配置

考慮餐廳和廚房、客廳的關係，確保餐桌以及周圍的空間。家庭成員即使只有4人，考慮到父母或訪客等也可以一起用餐，以**可以設置6人用餐桌的空間**為設計基準。確保有足夠的收納空間，可以更廣泛更有效率使用餐廳。

餐廳的標準平面配置

餐廳和靠牆式廚房的平面配置範例

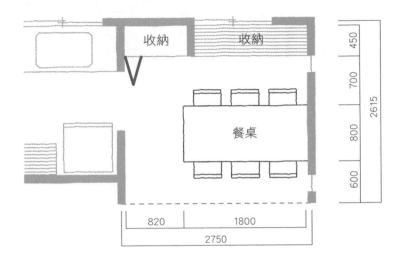

收納　收納

450

700

2615

餐桌

800

600

820　1800

2750

餐廳和中島式廚房的平面配置範例

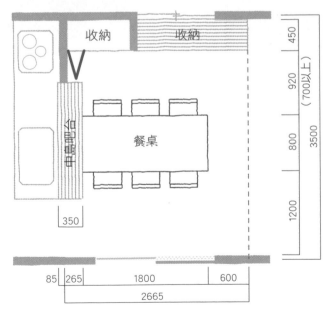

收納　收納

450

920
（700以上）

中島台

餐桌

3500

800

1200

350

85　265　1800　600

2665

1 餐桌周圍的主動線寬度 0.8m、端盤上菜動線寬度 0.6m

餐桌周圍空間的必要尺寸，隨著和廚房的位置關係、餐桌尺寸形狀、擺設方式等不同而改變。餐廳空間是日常生活的中心，設計適當的尺寸讓使用上方便沒有壓力。

1 餐桌空間

1人份的配膳，需要的空間尺寸是**寬度 600mm、縱深 400mm**。若是長形的標準餐桌尺寸，**4人用 1.2（1.35）m×0.8m、6人用 1.8m×0.8m**。圓形餐桌 **4人用 900Φ，6人用 1300Φ**。

2隻桌腳的餐桌的短邊側不好坐，長邊側的座位出入不受桌腳影響。4隻桌腳的餐桌，短邊側可以有座位，長邊側的座位需要大幅移動椅子才能出入。

可以讓用餐姿勢良好的椅子高度，為**身高的 1 ／ 4 且腳底可以完全碰地板**的 400mm；餐桌的高度則約為手肘呈直角的 700mm。

2 動作．通道空間

椅子需要的空間為 600mm，**有扶手的椅子**需要拉開椅子再入座所以要有 750mm。**端盤上菜的通路寬**為 600mm；如果**由椅子後方上菜**，則離桌子的距離需要有 1.0m 以上。**通往廚房或客廳的主動線**通道寬 800mm 以上；若由椅子後方通過，必須和餐桌距離 1.2m 以上。

3 收納空間

收納櫃前請空出 700mm 以上的空間，以便彎下身也可以使用。

廚房的必要空間尺寸

餐桌尺寸

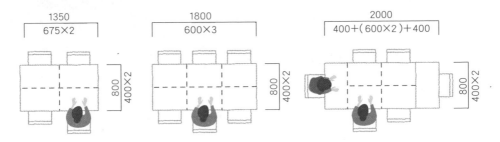

市面上常見的4人用餐桌為寬1.35m的尺寸。
6人用的餐桌的基準尺寸是1.8m×0.8m。

餐廳的必要空間尺寸

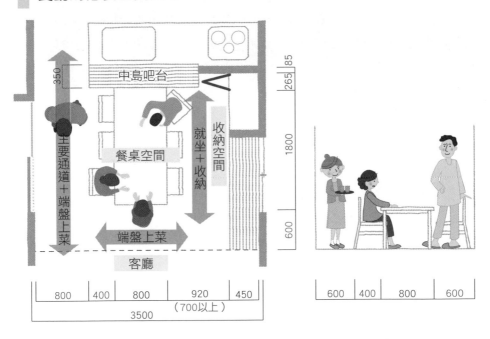

就坐時需要的空間為由餐桌起算400mm的寬度，由椅子後
方將料理端上餐桌則為0.4＋0.6＝1.0m。如果做為主要的
通道，必要的寬度為0.4＋0.8＝1.2m。

中島吧台高度為 FL ＋ 1.1m

1 餐廳和廚房的連結方式

● 半開放類型（3.5m×3.0m）

　　和廚房之間隔著中島吧台的類型。利用吧台端菜上桌、飯後收拾都會更有效率；家族之間更容易溝通交流，是一般常用的廚房和餐廳的連結方式。中島吧台的高度和吊櫃的有無，會影響餐廳和廚房之間呈現開放式還是封閉式。

　　中島吧台若為標準高度 FL ＋ 1.1m（**廚房流理台高度＋250mm**），能遮**蔽廚房流理台的作業情形**。中島吧台的高度如果比**坐下時的視線高度**（≒1.2m）高，廚房和餐廳的關係更顯封閉。

　　吊櫃的標準高度（700mm）不會遮蔽**站立時的視線**（1.4m～1.5m）。沒有吊櫃更有開放感，不過聲音和味道也更容易傳達，廚房內的物品也容易看得一清二楚。

　　此類廚房常被配置在角落空間，容易顯得陰暗。

● 同室類型（3.5m×3.0m）

　　在中島式廚房還不普遍的時代，主要都是廚房和餐廳在同一空間的類型，應該有不少人已習慣。此類型每個動線都重複，可以有效率的利用空間。保有客廳的獨立性，即使有突然的訪客，也可以從容接待。但是碗盤櫃、冰箱、餐桌等的排列放置有難度，用餐環境周圍都是廚房的雜亂物品，很難靜下心來。擴張性差，適合少人數的小家庭。

和廚房的連結方式

半開放類型

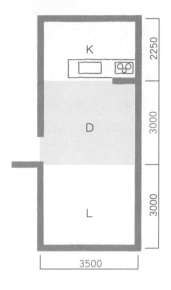

容易溝通交流，有整體感的中島式吧台、吊櫃的範例。若吧台的縱深有350mm，可以放置大盤子，方便使用。

同室類型

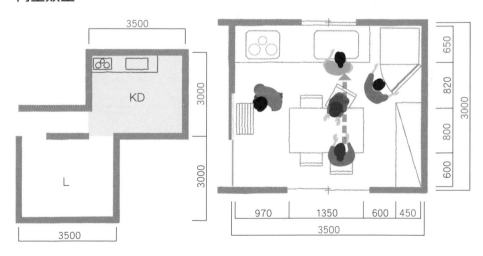

各種機能最小化的配置範例。家具排列配置的可能性必須要事先檢查。

2 和客廳的連結方式

● 半開放類型（3.5m×3.0m）

　　視覺上個別的區域獨立的類型。以可以隨時打開的拉門或窗做區隔，每個空間都能有因應用途廣泛運用。客廳餐廳都能有採光明亮的配置。

● 同室類型（3.0m×3.0m）

　　客廳和餐廳同室，互相補足機能且空間的利用更有效率。增加廚房的獨立性，更容易採取防止幼兒以及高齡者進入廚房的措施；不過在廚房難以掌握客廳的狀況。客人來訪時，以可動式隔門等阻斷用餐或烹飪的聲音和味道。

3 其他

　　若是獨立式的餐廳（3.0m×3.25m），客廳和廚房都成為個室，因此無法互補機能。餐廳常是家人聚集的場所，和廚房動線太長溝通交流不方便。獨立式的客廳適合訪客多的家庭。

　　將廚房做為生活空間中心，配置開放式餐廳（3.0m×3.0m）和客廳（訪客）更容易交流溝通，適合常常邀請朋友開家庭派對的家庭。只是廚房如果不能經常保持乾淨整齊，由客廳看過去會顯得雜亂，不適合不擅長整理的人。也不容易對幼兒和高齡者採取防止進入措施。

和客廳的連結方式

半開放類型

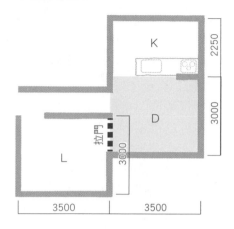

無法發揮空間互補機能，但是可以確保DK（餐廳和廚房）的隱私。

同室類型

空間可以互補機能，設計上可以更節省空間。

其他

獨立式

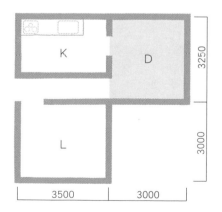

最高等級的配置。客廳可能無法有效利用。

LDK同室類型

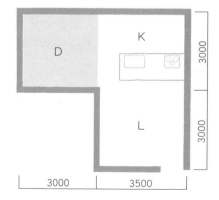

公共和私人空間混合，有開放感的空間。

3 縱深是A4雜誌250mm、電腦‧電話450mm

確保收納

除了用餐時間外，餐桌上會使用電腦、報紙、文具等用品，如果沒有收納空間餐桌會很雜亂，而且會影響餐前準備工作。

1 收納空間的考量方法

餐廳必須要有的收納空間，請和廚房、客廳的收納計畫一起設計。獨立性高的餐廳以機能性為主來規劃收納空間，但是如果是和客廳相連，餐廳也算是接待客人的空間，要考慮以客廳視角來規劃餐廳的收納。

2 必要空間和配置

收納雜誌或文具、書籍等物品需要縱深**250mm以上**的收納空間。收納印表機或是電烤盤等**大型家電**，以及櫃子上方放置**電話**、**傳真機**等需要縱深**450mm以上**空間。中島廚房的吧台的靠餐廳側，以及餐廳牆壁空間都可以利用。

櫃子的高度若超過**坐在沙發上時的視線高度**（1.0m），雖然收納量大，但是會造成壓迫感，地震時也有傾倒的危險，不建議使用。櫃台收納的收納量雖小，但是可以擺設花、照片，也可以當做電腦桌使用。甚至也可以暫時放置閱讀中的報紙、待處理的文件等。

收納空間的前方需要**保留開關門和作業空間**。有700mm的寬度可以彎下身利用。

考慮訪客視線的收納計畫

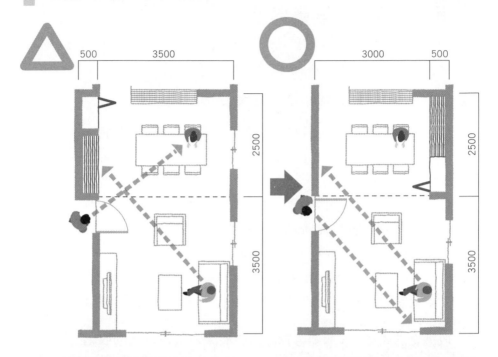

訪客一開門進入客廳的視線就看到餐廳。坐在沙發上也會看到餐廳的收納，不推薦。

開門的方向誘導訪客進門的視線看往客廳。坐在沙發也不容易看到餐廳收納。

必要空間和配置

廚房中島吧台的靠近餐廳側以及餐廳的牆壁，可以設置收納櫃。依據收納的擺設，可能會移動餐桌的位置，設計時要注意餐桌正上方的吊燈也要跟著移動。

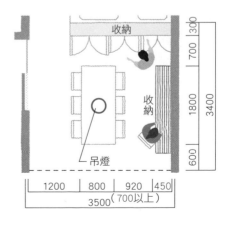

4 吊燈高度為餐桌面＋700mm

電器設備等

1 依照明設備的種類不同，配燈的基準也不同

利用餐桌來用餐、做家事或是寫作業等時，推薦的照明亮度為**200 ～ 500 流明**。照明計畫不能只單獨規劃餐廳，而是要和相連的客廳或餐廳一起整體空間設計。

吸頂燈請設置在**餐廳空間的中央**。若和客廳的天花板相連，要一起考慮燈具設計和配置位置，讓整體天花板美觀。

吊燈請設置在餐桌的中心。配合餐桌的大小，選擇大型燈1盞或是小型燈2 ～ 3盞。設置高度約為**餐桌面＋700mm，太高會刺眼；太低會阻礙視線，以致餐桌邊緣可能會太暗**。燈罩的大小約為**餐桌長度的1／3**，比例最適當，所以1.8m的餐桌設計燈罩約為60cm（配置3盞燈20cm×3）。

若只使用嵌燈，不能只先決定家具配置再配燈，必須要先規劃天花板內的管線圖。在房間角落配燈要注意，原本不打算太引人注目的空調或是窗簾、門等，會因為燈光而變得顯眼。

2 插座的設置

電話、傳真機、網路等需要的插座設置在各自的場所（桌邊櫃等），餐桌需要的插座（電烤盤‧鍋等）設在地板附近（**FL＋250mm**）或是在中島吧台和餐桌間（**約FL＋800mm**）的牆壁，讓電線不需要蜿蜒在地板上。因應需求，也請設置空調用的插座。

3 感應警報裝置

獨立式的餐廳請設置熱式和煙式的感應警報器。如果有能和其他警報器連動的樣式，會更加安心（參考「07 廚房4-4」）。

電器設備的配置範例

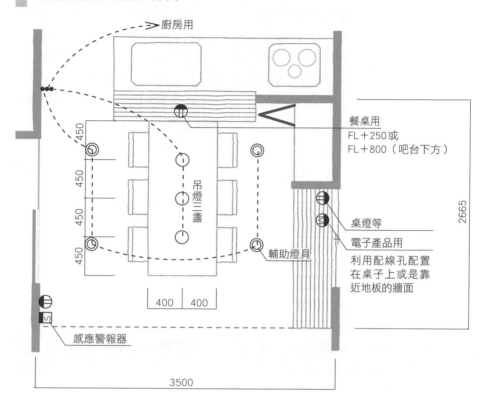

廚房用

餐桌用
FL＋250或
FL＋800（吧台下方）

吊燈三盞

輔助燈具

桌燈等

電子產品用

利用配線孔配置
在桌子上或是靠
近地板的牆面

感應警報器

450
450
450
450

400 400

2665

3500

兩代同堂住宅設計的規則

　　日本的家庭型態由昭和初期的大家族同住型，變成高度經濟成長期的小家庭型。現在因為未婚或晚婚的影響進入少子化和高齡化社會，經濟狀況的相互作用而期待祖父母支援育兒、節省支出等原因，兩代同堂的住宅也愈來愈多。這裡將兩代同堂住宅的設計重點整理如下。

　　和父母同住的理由之一，子女因為要存錢買房所以先暫時和父母同住，之後以結婚為契機，新建兩代同堂住宅（或是整修）繼續同住。或是子女獨立之後，因為父母年齡和健康上的考量，子女再回來和父母同住的案例。

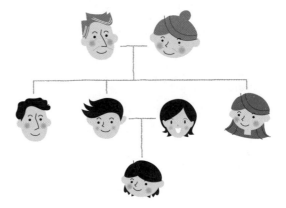

　　夫妻和丈夫父母同住是和妻子父母同住的4倍。設計重點的關鍵字是血緣關係。

　　和丈夫父母同住的時候，家事分開（廚房、洗衣、浴室）的設計極為重要。避免因為習慣和規則不同造成婆媳衝突。

　　和妻子父母同住的時候，則是放鬆紓壓的空間（玄關、客廳）分開設計很重要。確保丈夫有可以容身之處，玄關分開增加獨立感。家事空間因為是親子關係（母親‧女兒），所以多數不會有太大問題。

　　不管是和丈夫父母或是妻子父母同住，浴室都要分開。因為等待使用浴室可能會成為衝突的原因。

09

客廳

由每個家庭成員放鬆紓壓的生活模式來考慮

1 客廳的設計重點

客廳常有的光景是，以大型電視為中心，家人放鬆地坐在沙發愉快地聊天。但是隨著各個房間裝有電視及電腦、智慧型手機普及，生活模式也朝多樣性變化，這樣的客廳景象也漸漸減少。今後客廳應該有什麼樣的機能，請和餐廳和客房等相關空間一起考慮。

2 綜整機能和要素

不是只有明亮寬廣。考慮最合適的客廳平面。

生活行為	關連物品
休閒・興趣	沙發、榻榻米、椅子、桌子、電視、音響（收音機）、電腦、報紙雜誌、書籍
遊戲	電腦、遊戲機、玩具
接待客人	沙發、椅子、桌子
飲食	桌子
裝飾	棚架、繪畫、擺飾品、花、書籍、洋酒、收藏品、紀念品等
保管	收納櫃、書籍、玩具、家飾用品等

3 客廳的標準格局

配合家庭人數或是放鬆的方式，配置電視、沙發、茶几等位置。和餐廳或和室等相連空間的動線要適當規劃，減少通過動線，營造舒適的客廳空間。客廳的大小不是依照榻榻米數目來評價，而是有效率利用空間的大小。

客廳的標準格局

4人家族能舒適使用的標準客廳範例（3.5m×3.0m）

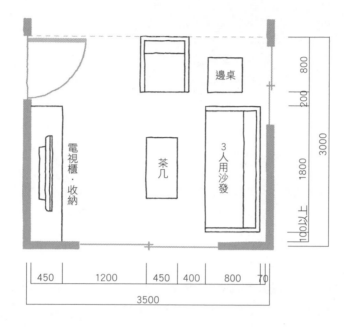

擺放3人座沙發的最小空間的範例（3.0m×2.0m）

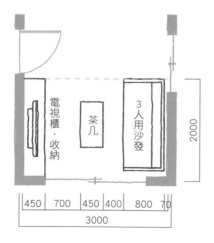

可以面對面接待客人的範例（4.0m×3.0m）

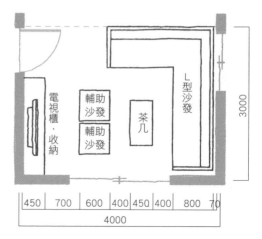

最佳視聽距離約為液晶電視螢幕高度的3倍

必要空間

用沙發的尺寸及配置、電視的大小、相連空間的關係等因素來決定客廳空間必要的尺寸。客廳是放鬆休息的場所，有時候也做為接待訪客之用，應設計成舒適的空間。

1 設置家具所需的空間

若使用電視櫃，兩側比電視的寬度各多出**300mm以上**的尺寸，比例上最適當，兩側的空間可以擺設音響或是擺飾品等。47吋電視則推薦使用寬1.8m以上、縱深450mm以上的電視櫃。高度則為略低於坐在沙發的視線高度，約為400mm。

沙發的尺寸，**單人座位的寬度深度**約為0.5～0.6m來計算。**有扶手的2人座沙發**的寬度為1.2～1.5m、3人座為1.7～2.1m。**一般沙發包含靠背縱深約0.7～0.9m**。沙發有許多的樣式，設計時以實際使用的沙發來規劃。座面的高度為坐下時**腳跟可以著地**的高度為**約0.4m**。日本有室內脫鞋的習慣，而且加上體格關係，要注意外國製的沙發可能有座面太高不好使用的問題。

茶几可以接待客人、飲食、書寫等，也會用於暫放報紙等。一般的高度約和**沙發座面一樣或是稍微高些（約50mm）**，**若拿來用餐**，比沙發座面高**約200mm**會比較好使用。低的茶几有讓客廳看起來更寬廣的視覺效果。邊桌放在沙發旁，不需要向前彎曲身體即可以舒適地使用。

電視、電視櫃、沙發的尺寸（參考）

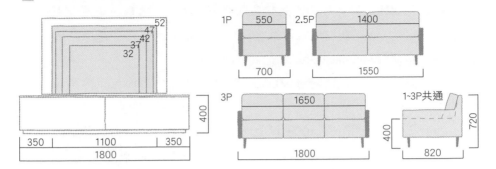

1.8m的電視櫃上擺放32～52吋電視的意象圖。
47吋電視寬約1.1m，電視櫃兩側會有約300mm以上的空間。

沙發有許多的款式，若已事先挑好中意的沙發，可以由沙發尺寸來考慮客廳的必要尺寸。

茶几的高度

放置飲料、書籍等，和沙發座位一樣高或是高5cm即可。

用餐時可選擇較硬座墊的沙發，茶几高度比沙發高約20cm。有時需要後方預留拉開椅子的空間。

2 動作‧通道空間

　　映像管電視的最佳視聽距離是**電視機畫面高度**的**5倍**、**液晶電視**則是**3倍**，今後的高性能新型電視，甚至只要液晶電視的一半距離即可。47吋電視的畫面高度600mm，最佳視聽距離為**1.8m**。

　　電視櫃前方的通路需要有**700mm以上**的空間，方便可以彎著身開關櫃門和操作機器。

　　沙發和茶几之間相隔**400m以上**，方便坐下。如果**沙發的座面較低，坐下時腳會往前伸**，這時沙發和茶几的距離要有**500mm以上**。

　　客廳的主要動線，要能**端菜上桌的寬度800mm以上**，其他動線要**讓人順利通過**的需要**600mm以上**。寬度300mm的通道則是可以**橫向通過**。

3 收納空間

　　裝飾性高的客廳收納櫃，用來放置擺飾品或是茶杯組，除了當做電視櫃的收納機能的延伸外，也可以當做門面裝飾的收納空間。日用品的收納空間主要在餐廳和玄關大廳，客廳裡面的物品盡量精簡。

4 其他

　　家具約占房間的大小的**1／3**是最理想。家具太多會顯得房間狹窄，家具太少又顯得太簡陋。**坐下時視線高度**約為**1.0m**，家具超過這個高度會顯得有壓迫感和狹窄。設計規劃上也要注意樓地板高度，讓地板和天花板顯得寬廣。

客廳的必要空間尺寸

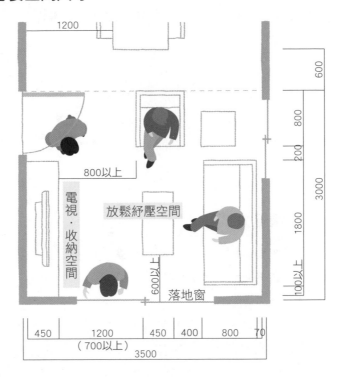

液晶電視的最佳視聽距離

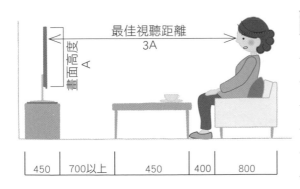

畫面高度	視聽距離
32型（約39cm）	約120cm
37型（約46cm）	約140cm
42型（約52cm）	約160cm
46型（約57cm）	約170cm
50（約62cm）	約190cm
60（約80cm）	約240cm

設計規劃如何配置電視和沙發位置時，可參考最佳視聽距離來營造**寬裕的空間**。

2 開口2m以上，沉穩的連結方式

連結空間

客廳、餐廳或廚房等私人空間，和玄關或和室（客房）等的公共空間的連結性強，連結的動線如果不能整合規畫，動線過多會造成空間不好使用。在此可將客廳想像成終點車站而非過站不停的車站，來思考客廳的配置。

1 與和室的連結方式

檢討和室和客廳的關係。若以門來隔間，注意配置家具的牆面，以開口的一半以上或是2m以上隨時可以打開，此類有開放感的連結方式。

(1)**平面A**（客廳南邊配置和室．可利用的牆面6.5m）

客廳成為通往餐桌、和室間的動線，可以利用的牆面變少，空間氣氛較不沉穩。客廳的南邊是和室，客廳可能顯得陰暗。客廳和室間的門如果全部打開，方便舉辦像是法會這樣多人的聚會。

(2)**平面B**（客廳餐廳的西邊配置和室，可以利用的牆面8.5m）

獨立性高，明亮沉穩的終點車站型的客廳。和室可以當做客房或是小孩房使用，不過中間有走廊可能會讓室內顯得陰暗。

(3)**平面C**（客廳的旁邊配置和室，可以利用的牆面7.5m）

客廳和和室合併空間更寬廣，但是也因為兩空間相連，可以使用的牆面變少，不容易配置電視櫃、沙發。難以規劃動線和配置家具的平面類型。

和和室的連結方式

平面A

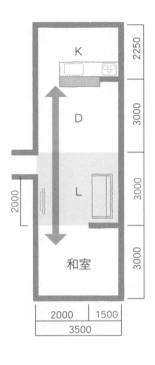

平面B

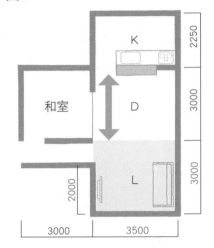

平面A的類型，客廳像是過站不停的車站；B則是終點車站。客廳連結的空間多，方便性提升，但是客廳變得像門廳無法安穩使用。

平面C

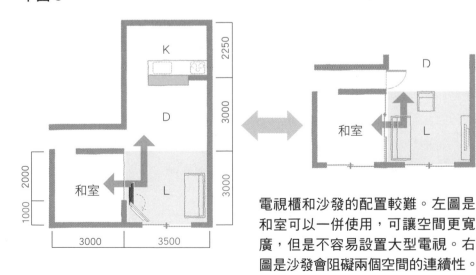

電視櫃和沙發的配置較難。左圖是和室可以一併使用，可讓空間更寬廣，但是不容易設置大型電視。右圖是沙發會阻礙兩個空間的連續性。

2 與餐廳的連結方式

參考「08 餐廳2-2」。

3 客廳獨立配置（3.5m×3m）

參考「08 餐廳2-3」。和私人空間分離，成為安穩沉靜的空間，也可以接待訪客。只是因為和其他空間沒有連結不能兼用，除了客廳外，相鄰的餐廳等都需要設計較寬裕的空間。

4 LDK同室的注意點

參考「08 餐廳2-3」。近似正方形的LDK，因為L客廳、D餐廳、K廚房各自的必要空間都是接近正方形，所以一定會產生某個空間不好使用的問題。標準的客廳寬度為3～4m，即使超過這個寬度，不執著堅持空間視覺上的寬廣度，分割部分空間設置通道或是收納，讓整體空間更好使用。分區規劃的階段就決定家具配置，想像坐在沙發時所看見的室內景象來考量設計。

5 檢討2樓客廳

住宅前面的道路交通流量大等理由，無法有足夠的開口（窗），導致1樓室內陰暗，或是期待的庭院無法實現的時候，可以考慮2樓的客廳加設寬廣的平台。2樓的客廳有好的眺望景觀和較充足的日照，但是隨著年齡漸增，上下樓梯對日常生活造成負擔。預想將來生活中心以1樓為主，或是考慮設置電梯。不只是居住者，也要如何考慮接待訪客。

特別是兩代同堂住宅，客廳的正下方避免是父母親的臥室。生活作息時間不同可能是造成衝突的原因，必須要分區規劃。

LDK同室的注意點

近似正方形的LDK，在入口附近會有多餘空間，即使是拉遠沙發和電視的距離，還是有剩下空間。增加榻榻米區域或是如下圖設置收納等方式，讓空間的形狀更完整，也能更有效率地使用空間。

以路人的視線高度 1.7m 來考慮大面積開口的舒適性

考量隱私

　　想像一下面對道路的客廳窗戶所看到的風景。可以看到車子或腳踏車，沒車的時候看到步行中的路人。轉角的窗戶要一直拉上窗簾嗎？通往客廳的平面配置、樓梯位置或是生活動線等，對居住的人來說是不是有壓力？本書以對家族成員的放鬆紓壓方式和隱私的關係，分析考量如下。

1 開口部的舒適性和隱私的關係

　　透過開窗能採光以及獲得視覺上的解放感，但是仍需要考量路人的視線對策和屋簷植栽等的日照對策。

2 牆的對策

　　設置牆來阻斷由道路看往室內的視線，這在庭園不當停車場使用時是有效方法。牆的高度約為**穿鞋的成人男性的視線高度（1.6～1.7m）**為設計基準。一般如果**建築基地和道路沒有高低差**，1樓的高度約會比路面＋0.6m。坐在沙發上人的視線高度為**離地板 1.0m**，靠近道路側若有 1.7m 高的牆，可以**阻斷屋外路人的視線**，也可以確保**坐在客廳沙發的人不會看到屋外**。

　　牆愈高封閉感愈重，除了給路人壓迫感外，防範犯罪的效果也不好。使用植栽牆或是開縫隙等手法，設計時注意設計性和防犯性。日本法律規定**磚造牆的高度 1.2m 以下**，施工方法也要注意。

3 窗的對策

　　若無法設置牆，可考慮加裝窗簾或是透明玻璃換成毛玻璃等對策。窗戶的下端為 GL＋1.7m，可以**遮蔽屋外和屋內的視線**。

開口（窗）和日照、視線的關係

東京的太陽高度夏至78度、春秋分55度、冬至32度。大面積的開口可以有效取得日照，但是道路上的路人也會容易看到室內，因此需要考量築牆等對策。對於夏天的日照對策，利用屋簷或是陽台等遮陽，或是在南面庭園種植冬天會落葉的樹。

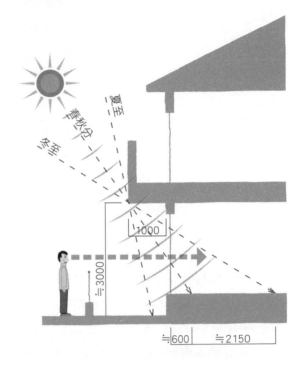

開口（窗）的隱私對策

牆等的對策

若是牆的狀況，考慮景觀和防犯，注意不要太封閉。

窗高度的對策

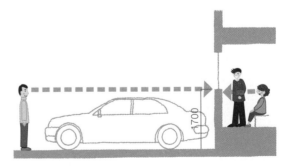

若是停車場後方的落地窗，考慮遮蔽視線，改為腰窗。

若是針對窗簾，夜晚需要較厚材質的窗簾。百葉窗可以改變角度很方便，但是打開窗戶的時候，要注意風會吹動葉片。毛玻璃比起透明玻璃可以達到遮蔽視線的效果，但是不容易達到視覺上的開放感。

若是加裝鐵窗，可以讓隔柵和路人視線焦點一致，達到遮蔽視線的效果。鐵窗的美觀設計性要多加考慮。

4 客廳路徑的快適性和隱私的關係

由玄關經過客廳再通往其他房間的客廳路徑平面配置。客廳是開放的，家人間容易對話溝通，空間也能有效率利用，但缺點是空調或是噪音問題等，也需要考量洗完澡後的動線等保護隱私的對策。有時小孩會覺得行動被監視，理解客廳路徑平面的特徵，再來規劃設計。設計手法主要有以下兩種，請以同樣的建築物外觀和分區來比較看看。

(1)**客廳樓梯類型**（4.0m×5.25m）：客廳裡設置樓梯的平面配置。有個性的和有開放的空間表現，但是空調的冷暖房效率會降低，聲音和味道會擴散到家裡所有角落。要注意洗澡前後會經過客廳，不能保護隱私。

(2)**玄關大廳樓梯類型**（4.0m×4.25m）：廁所、洗臉、浴室等用水的空間和樓梯間6.0m×3.0m集中一處的平面配置。可以保護隱私，改善空調、聲音和味道等問題。只是房間和樓梯和用水空間都直接連結，以客廳為中心的對話溝通機會會減少。

客廳路徑的平面配置範例

客廳樓梯類型

因為沒有走廊,可以設計更寬廣更有開放感的客廳,不過不易保護隱私。聲音、空調的問題,可以加設樓梯間隔間來獲得改善(參考「02 樓梯4-2」)。

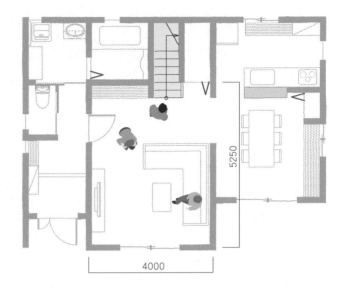

玄關大廳樓梯類型

樓梯大廳和用水空間集中一處的範例。回家或是外出時不需要經過客廳,洗澡也可以由房間直接到達浴室。不只訪客,家人間的隱私也獲得保障。

3 可以坐下休息使用方便的高低差為
300 ～ 450mm

榻榻米區

為了補足客廳和客房空間機能，設置榻榻米空間的期待升高，多用途的地板材質榻榻米也受到注目。除了常見的藺草榻榻米外，色彩豐富不褪色的化學榻榻米和紙榻榻米也很受歡迎。

1 榻榻米區

榻榻米區的樣式，有無障礙、放置型、座席台樣式等。

無障礙樣式雖然空間比較狹窄，可以做為小孩的遊戲區或是午睡的地方。因為沒有高低差，所以可以鄰接落地窗。**放置型**的榻榻米，視需要可以擺出來或是收起來。要注意 15mm 的**高低差**和**確保收納場所**。

座席台樣式和木頭地板的界限明確。太狹窄則不好使用，所以不滿 3 疊請使用無障礙樣式。高度為**坐在沙發上的視線高度，容易坐下起立的 300 ～ 450mm**（住宅性能評估・高齡者等考量對策等級 5），設置階高 180mm 以內的台階方便上下。因為有高低差，所以方便脫拖鞋且不容易堆積灰塵，高低差的部分也可以活用為收納空間。要注意使用此類型天花板的高度會變低。

2 鋪榻榻米的客廳

鋪榻榻米的客廳，可以在地上或是躺坐或是休息，很便利。和沙發不同沒有人數限制。如果要設置座席台，請設置上下台階或是坐下站起姿勢保持用的扶手。

榻榻米區的平面範例

台階
（180mm/段 以內）

無障礙樣式

設置於餐廳的範例，可以做為小孩
遊戲室或午睡的私人空間。

座席台的樣式

加上隔間門等可以變成個室使用。
空間多變化能廣泛的應用。

榻榻米客廳的範例

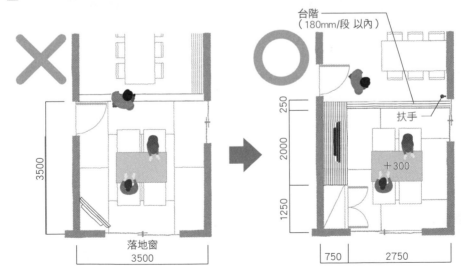

台階
（180mm/段 以內）

扶手

無障礙樣式

不方便穿脫拖鞋，需要考量在榻榻
米上設置電視。

座席台樣式

改變入口的位置，增設放家具的地
方（木板地板）和收納的範例。

5 空調的氣流可以到達的距離約7～8m

1 照明設備

　　客廳有多用途同時也是接待客人的場所，是需要講究明亮的氣氛和機能的空間。各種生活行為所需要的照明亮度如下：**全體照明30～75流明、團聚娛樂150～300流明、閱讀300～750流明、裁縫等750～2000流明**。全體照明再加上壁燈或是立燈、間接照明等分散設置多種燈，可以營造各種空間氣氛，也能節省能源（參考「08 餐廳4-1」）。

2 插座

　　請設置家電影音電器（電話、傳真機、網路、電視等）以及其他立燈等照明或是吸塵器用的插頭。設置插座時，要考慮改變家具配置時的需求額外多設置幾個。

3 空調

　　空調機可以裝設在牆面或是天花板內嵌式，考慮到維修和維持天花板美觀，推薦安裝於牆面。**配置在房間的短邊中央**，可以更有效率，但是還是要考慮**空間形狀**和**氣流到達距離**（一般**7～8m**）、**機器的性能**等再決定。設計上若需要隱藏空調機，要注意不要影響氣流。外觀上室外機和管線的位置很重要，必須要在設計立面圖時就考量。

4 其他

　　客廳當家庭劇院使用，若要設置投影機和音響，必須事先考慮配線。有時候需要補強天花板。

　　獨立式的客廳必須設置感應警報器。如果有和其他警報器連動的樣式更佳（參考「07 廚房4-4」）。

電器設備的配置範例

要照亮客廳空間必要的燈具數，約為1疊的面積1盞燈（電球燈60w為例）。圖中的客廳為6.5疊，所以需要集中配燈6盞燈。設置插座時，考慮將來可能會變換家具配置（沙發和電視位置對調）等可能性請額外多設置。

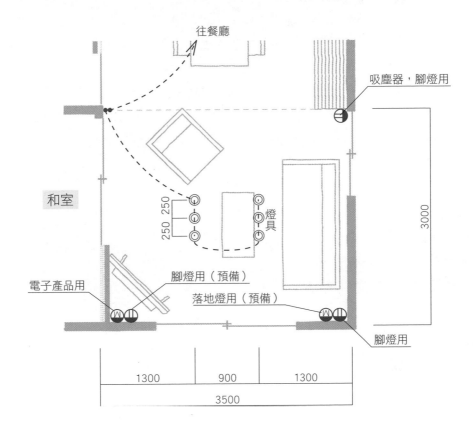

想像在平面圖裡走走看

周末的信箱裡常有大量的住宅廣告單。廣告單上多有刊登平面圖，有不少人參考圖面來考慮是否購買。

針對一般消費者舉辦的住宅座談會，總是會告訴大家做為業主至少要具備最基本知識。無法親自流暢的設計畫出平面圖，但是至少可以評估別人設計的平面圖的好壞。

例如學習繪畫，即使自己無法達到優異的繪畫技術，但是可以培養欣賞畫作的能力。理解構圖或配色、繪畫的背景，也能增加在美術館欣賞藝術品的時間。同樣地，藉由想像在平面圖裡自由地走動，可以判斷被提案的平面圖是好是壞。

試著想像在平面圖裡走動，眼前所看到的景色。

- 一進玄關就看到收納櫃的折門。玄關大廳正面是收納，方便使用嗎？
- 客廳門和廁所門相對。
- 一進客廳門就看到通往廚房的動線。
- 坐在沙發可以看到什麼？可以清楚看到電視和人的動作。沙發的前方、後方、旁邊都有動線，坐在沙發能安穩嗎？

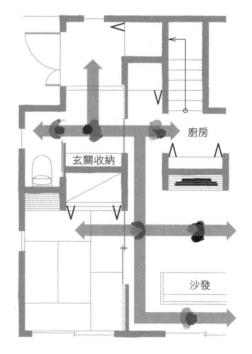

10

主臥室

確認床的尺寸和動線的寬度再決定平面配置

1 主臥室的設計重點

有未成年子女的家庭和高齡者所需要的臥室機能的優先順序不同。前者在意照顧小孩和家事的效率；後者則是重視用水空間的便利性和安全性。在此討論各個世代的可安全便利使用、且睡眠品質良好的臥室。

2 綜整機能和要素

一併考慮睡眠以外的生活行為，將臥室和其附帶空間的機能整理如下表：

生活行為	相關物品	附帶空間
休閒・興趣	電視、音響、電腦、沙發、桌子、電視櫃	臥室
桌面工作	桌子、椅子、電腦、印表機、書架	書房・臥室
家事	吸塵器、洗衣用具、熨斗台	陽台・臥室
睡眠	床、榻榻米、寢具	臥室
裝扮	衣服、梳妝台	衣帽間・臥室
保管	衣櫃、衣服、寢具、包、吸塵器、洗衣用具、熨斗等	衣帽間・儲藏室

3 標準格局

在兩張單人床的臥室裡配置附帶空間的衣帽間、書房、陽台的範例如右圖。注意先確認床的尺寸和必要動線的寬度，再決定平面配置。臥室若兼做休閒興趣和家事空間，不同使用目的所需要的空間尺寸也不同。事先調查詢問業主意見，將其納入計畫。

主臥室的標準格局

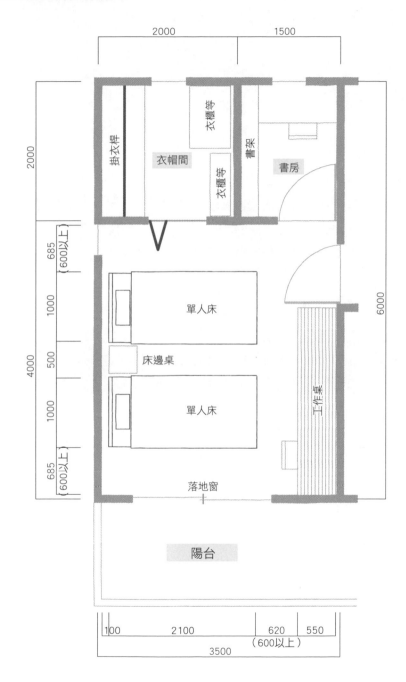

2000

1500

2000

衣帽間

掛衣桿

衣櫃等

書架

書房

685
（600以上）

1000

單人床

500

床邊桌

工作桌

4000

1000

單人床

685
（600以上）

6000

落地窗

陽台

100 2100 620 550
（600以上）
3500

1 臥室短邊尺寸是床的尺寸＋0.6m、總計3.0m以上

必要空間

1 就寢空間

床墊的尺寸請參考右表。單人床的配置方式有兩床並排，或是兩床之間放床邊桌等方式。規劃時請考慮隨著小孩的成長可改變配置方式的可能性。使用嬰兒床要預留空間。

確保可放置手錶或是遙控器、眼鏡等的場所。可以放在床邊桌或是床頭櫃。

若要在榻榻米上舖床墊就寢，請參考「06 和室 1-2」。

2 工作空間

依需要設置梳妝台、桌子、椅子、電視等，並且預留作業區。除桌子的寬度之外，還要加上**拉開椅子（600mm以上）**入座所需要的空間。若長時間使用書房工作，聲音和燈光會影響臥室的睡眠，書房不該是臥室的附帶空間，建議獨立設置。

臥室若做為室內晾衣服空間，為了使用方便，臥室內要有室內晾衣架、洗衣用備品的收納空間。

3 收納空間

除了衣服外，必須確保衣櫃和日用品的收納空間。

4 動作・走道空間

主要通道寬度為600mm以上、**衣櫃前**要有700mm以上的空間、通往床的通道則是500mm。床距**離牆壁**100mm，方便更換床單。

主臥室的必要空間尺寸

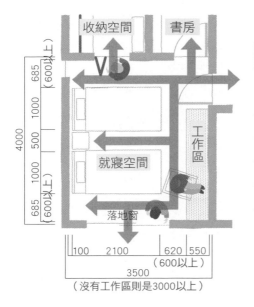

床墊的標準尺寸（參考）

	寬度（m）	長度（m）
單人床	1.0	1.95
窄版雙人床	1.2	1.95
標準雙人床	1.4	1.95
加大雙人床	1.7	1.95
特大雙人床	2.0	1.95
嬰兒床	0.8	1.25

床架需要比床墊大數cm～數10cm。必須先確認床架的形狀和尺寸再規劃。

單人床並排設置

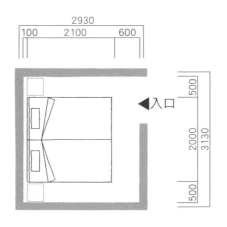

單人床間放床邊桌的排列設置

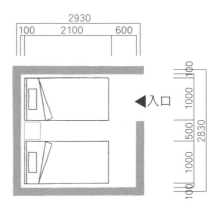

和小孩同睡時，兩床並排設置比較方便使用，但是不易更換床單。

2 衣桿的必要長度約為1人3m

確保收納

在共用空間裡做為多用途大型收納的倉庫，像是有門的衣櫥和人可以進入使用的**衣帽間**。這裡主要討論衣櫥。

1 衣櫥·衣帽間

衣櫥可以由臥室直接使用所以不需要留通道。衣帽間則需要通道，不過可以放置衣櫃、吸塵器、家事用具等，收納多樣的物品讓室內更乾淨整齊。依據特徵組合各種收納空間，讓收納更有效率。

2 必要的收納量和棚板的配置（參考「12 倉庫·衣帽間」）

成人1人所需要的掛衣桿的長度為3m。不過很難有6（2人分）的衣櫥，所以為了確保足夠收納量改為上下兩段衣桿，或是將過季的衣服收到倉庫來調整收納量等變通方式。

衣桿的高度為**身高×1.20倍＋0.1m**約為1.8～2.0m是最理想。棚板的上方放輕的物品，下方的空間則是有抽屜的櫃子或是放置手提包背包袋子等。上下兩段的衣桿之間距離1.0m，**可以掛外套**。縱深約750mm才好使用。

3 衣櫃收納的注意點

為了能有效率地使用衣櫃收納，先確認衣櫃的尺寸、門的開闔方向和排列等再決定寬度和縱深。重要的不是衣櫃的大小，而是有效利用櫃內空間。

衣櫥的平面範例

衣帽間＋衣櫥的平面

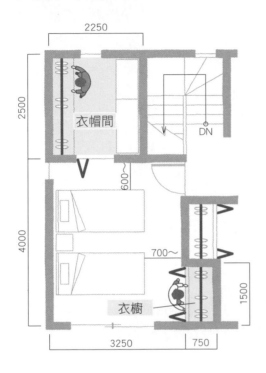

衣櫥的平面

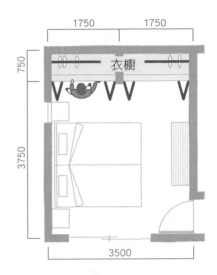

若只有衣帽間但衣服收納量不夠時，可以和衣櫥並用。若只有衣櫥，需要另設置收納衣櫃或是季節性家電的倉庫。

衣櫥內部配置的範例

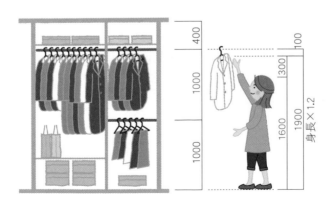

高齡者的臥室面積的淨尺寸為 12 ㎡以上

考量安全・高齡者等

1 房間的配置和面積

　　高齡者的臥室必須要和玄關、廁所、浴室、餐廳、脫衣室、洗臉室都設置在同一樓層。考慮輪椅使用者的基本生活行為能夠順利進行，室內面積的淨尺寸至少 12 ㎡以上（住宅性能評估・高齡者等考量對策等級 5）。

2 考量高低差

　　陽台和室內的高低差 **180mm 以下，不容易絆倒**（參考「13 陽台 2-1」）。

　　床的高度和餐椅的座面同樣高度（400mm），方便坐下和起身。

　　確保**出入口門的有效寬度**為 800（750）mm 以上（住宅性能評估・高齡者等考量等級 5（4））。推拉門是對高齡者來說好使用的門，但是氣密性不佳。隔音效果還是平開門的效果佳。

　　衣櫃若設在室內，要做好預防傾倒的措施，並且要擺在距離床較遠的地方（參考「06 和室 3-3」）。

3 冷氣流、熱休克對策

　　由床頭的窗戶吹下來的冷氣流（cold draft）的影響，頭部會受涼危害身體健康。若不得已床頭有窗戶，只能將窗戶加裝鐵捲窗和使用長的厚窗簾因應。窗戶下端的高度為**床的高度＋800mm 以上，防止墜落**。

　　為了緩和洗澡前後急遽的溫度變化（熱休克），請規劃不需要通過寒冷的走廊就可以由臥室到浴室的平面配置。

考慮下降冷氣流的臥室的平面配置範例

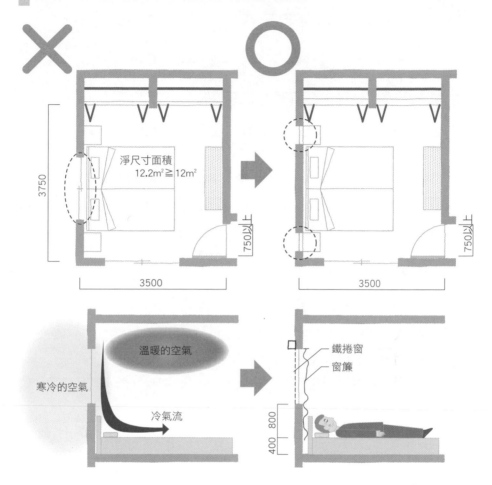

✕

淨尺寸面積
12.2m² ≧ 12m²

3750

750以上

3500

◯

750以上

3500

溫暖的空氣

寒冷的空氣

冷氣流

鐵捲窗
窗簾

800
400

考慮熱休克對策的平面配置範例

主臥室不需要經過走廊就可以使用廁所、洗臉室。距離LDK近，日常的動線短，生活便利。

洗臉室

衣帽間

LDK

4 床頭壁燈距離床20cm

1 讓空間放鬆舒緩的照明設備配置

　　臥室的推薦照明度是 15 ～ 30 流明、**閱讀**則是 300 ～ 750 流明。照明的配置方式，**嵌燈**在腳邊、床頭的壁燈設在不會照到臉的位置（例：**床高度＋600m並且距離床200mm**）、**睡覺時光源不要直接照到眼睛**。壁燈和吸頂燈，要注意陰影種類和配光方向。另外為了夜晚的進出安全，出入口附近要設置常夜型的腳邊燈。

　　燈具的設置高度會影響人的心理，和太陽的高度變化有關，上方的光源讓人覺得有活動力，下方的光源則是讓人覺得放鬆舒緩。臥室適合接近地板高度的照明，最讓人感到舒適。

2 插座・開關

　　家電音響影音用（電話、網路、電視等）的插座之外，落地燈用和吸塵器用，其他像是熨斗等家電用的插座也要適當設置。

　　為了在床上也可以開關燈，開關設置在床頭附近。床邊桌的上方若要設置插座和開關，應該在 FL＋500mm 的高度。另外，要考慮放置燈的遙控器和電視遙控器的場所。

3 空調

　　設置空調機要注意風不會直接吹到床。室外機請裝設在就寢中不會聽到聲音的地方。

　　空調機的插座在**天花板－300mm**（CH2.4m時為 FL＋2.1m）的位置，這樣管線也不會太顯目。

4 感應警報器裝置

　　臥室內需要設置熱式和煙式的感應警報器。如果有和其他警報器連動的樣式，會更加安心（參考「07 廚房4-4」）。

▍ 電氣設備的設置範例

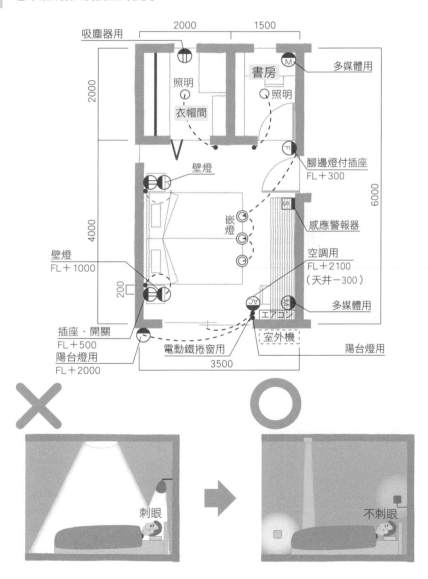

夫妻分房的檢討分析

　　日本大半的夫妻是同臥室，但是，雙薪夫妻休假日不同或是上夜班等原因造成生活作息時間不同，亦或是夫妻雙方喜好的空調設定溫度差別很大時，可以考慮夫妻分房的可能性。

　　床與床之間可以用可移動的隔板或是收納櫃區隔，但是聲音和光線會互相影響，如果在意，建議以隔間牆區分空間。

　　高齡夫妻因為尊重隱私等理由而希望夫妻分房。但不是完全不同的房間，為了可以應付夜晚突發的身體狀況，可以藉由衣帽間等空間串聯雙方的臥室，互相可以照應，生活上也會安心許多。也可以規劃其中1間房間較寬廣，在此設置夫妻共同使用的空間（榻榻米區），增加夫妻雙方對話溝通的機會。

夫妻分房的平面範例

11

小孩房

能對應生活方式變化的尺寸和配置

1 小孩房的設計重點

小孩在幼兒期多數的時間都是和父母一起，過了少年期在自己房間的時間逐漸變長。本書在此討論能對應生活方式變化的小孩房的配置和空間尺寸，小孩房之間的組合方式和分離方式，以及增進家族對話的小孩房和主臥房、客廳的連結方式。

2 綜整機能和要素

睡眠、學習、遊玩等多功能的小孩房，必要機能整理如下：

生活行為	相關物品
生活行為	相關物品
遊玩・興趣	電視、音響、電腦、遊戲機、書籍
讀書	桌子、椅子、電腦、書架、教科書、筆記本、書包、背包
睡眠	床、寢具
裝扮	制服、其他的衣服、鏡子
保管	衣服、玩具、寢具、學校用品（繪畫道具組等）

3 標準平面配置

在寬**2.5m**的小型空間裡，配置**床、桌子、椅子、書架**等家具。要注意小孩房內的家具、**門、落地窗、衣櫥**的位置如果沒有事先規劃，可能無法確保必要的**動線、走道寬度**等。

小孩房的標準平面配置

沒有陽台

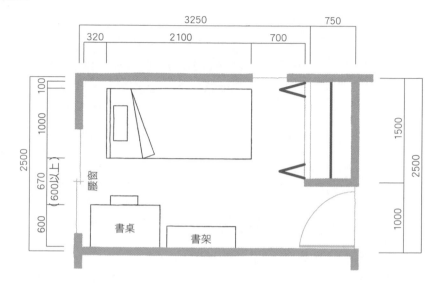

有陽台

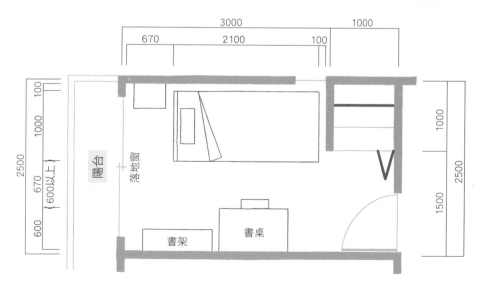

確保落地窗可以通行的寬度需要0.6m以上

必要空間

收納的門如果太靠近床可能無法全部打開。落地窗前不得不放家具而變成使用不方便的小孩房，這樣的例子很多需要多加注意。

1 就寢空間（參考「10 主臥室1-1」）

若是設置上下舖床（包含高架床），需要有梯子可上下床的空間。

2 工作空間‧遊玩空間（參考「10 主臥室1-2」）

必須要有設置**書桌**（1.0m×0.6m）、**書架**（1.0m×0.3m）的空間。書桌放在窗戶前，光線容易刺眼，即使加裝窗簾也可能會影響書桌的活動，要多加注意。依照需要規劃放置電視和音響的空間

小孩房雖然優先機能是讀書，地板上有遊玩空間也很好。日常小孩遊玩的場所，可以考慮設在父母也能隨時注意到的2樓大廳。小孩房設最小限度的面積，可以防止小孩將自己封閉在房間裡。

3 收納空間

除了衣服之外，還需要書包、運動用具、玩具等的收納場所。

4 動作‧通道空間（參考「10 主臥室1-4」）

落地窗門如果無法全部打開，門把也要是**手能碰到的範圍**，並且可以**打開到人可以出入的寬度**（0.6m）。和牆面間若有**300mm**，可以橫向走路通過。

小孩房的必要空間尺寸

家具配置至少要讓落地窗門可以半邊開關。考慮窗邊會有下降冷氣流，床要避免設置在窗邊。

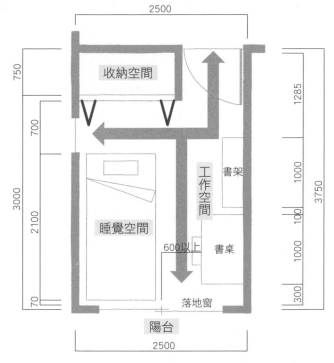

遊戲室的範例

利用2樓大廳做為小孩的遊戲空間的範例。也可以利用第2客廳或是室內晾衣空間。2樓大廳若有門會更有個室的感覺。

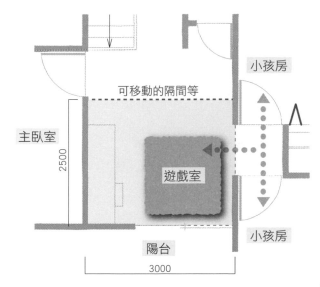

2 隔間牆厚度150mm做為隔音對策

空間的連結 · 隱私

保護小孩的隱私，家族間也會有良好的溝通。隨著小孩的成長親子關係也會變化。以下討論親子雙方生活互相不感到壓力的房間配置和房間連結方式的注意事項。

1 和LDK的連結方式

客廳裡設置樓梯或是小孩房和LDK同樓層，小孩必須經由客廳進入自己的房間（「09 客廳3-4」）。在孩子還小的時候待在客廳的時間長，是好的配置；但是隨著小孩年齡增長，要注意這樣的空間連結方式，即小孩的一舉一動容易被父母注意而造成壓力。如右圖寬度**6m以上**，小孩房和LDK可以並列配置。

2 和主臥室的連結方式

小孩房在主臥室旁邊，小孩幼兒期可以和主臥室一起使用，加上隔間牆也可以當做個室使用。連結處若有**2m**以上更有主臥室和小孩房是同一房間的感覺。如果一開始就計畫當個室，可以和主臥室分區，或是將**收納空間設在兩房連結處**，再加上**厚度150mm**高度達天花板的隔間牆（兩柱間充填玻璃棉材質，不含裝修板厚度**100mm以上**，外側再貼上**12mm**的石膏板），做為隔音對策。

3 和小孩房的連結方式

若是2間小孩房相連，小孩還小的時候不需要隔間當做寬廣的遊戲室使用。只是預設將來可能會需要隔間，事先將門、窗、收納空間、電氣設備都先設置好。或是不用固定的隔間牆，改用**可移動的收納櫃**（縱深約**560mm**）當隔間來分隔2個房間。

和LDK的連結方式

2樓是客廳，重視和LDK連結的小孩房的配置範例。可以節省空間，但是如何確保小孩隱私變成課題。

和主臥室的連結方式

小孩還小的時候可以2房一起利用，若要將小孩房和主臥房分隔，可利用收納空間和隔音隔間牆確保隱私。

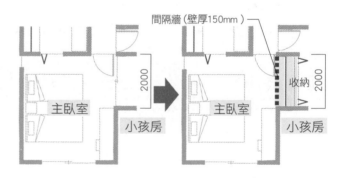

和小孩房的連結方式

可移動的收納櫃當隔間，可以因應生活模式，將房間分隔或是連結，都相當便利。

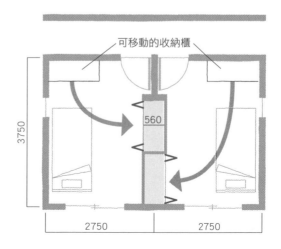

可以使用的衣桿高度為身高的
1.2倍＋100mm

確保收納

小孩的物品隨著年齡成長會增加，種類也會有變化。身高和手觸及的範圍也會變高。以下對應這些變化的收納功夫來討論。

1 衣櫥（參考「10 主臥室 2-2」）

小孩房的衣櫥樣式，可隨著身高和物品的變化，變更棚板和掛衣桿的高度，衣櫥內部的配置方式也可以跟著改變。掛衣桿是**小孩可以自己掛衣服的高度（身高×1.2倍＋100mm）**，衣桿上方和下方可以追加棚板，隨著身高和年齡增長可以改變配置。在日本，國中生以上有制服，所以需要**掛著收納的衣服**增加，衣櫥寬度至少要1.5m以上。

2 閣樓收納（參考「12 倉庫・衣帽間 2-2」）

利用屋頂內部空間的閣樓收納，因為天花板高度低有壓迫感，室內溫度又高，不適合當臥室。推薦主要做為收納或是遊戲室。要注意天花板高度若超過1.4m，**要算1樓層**，相關的法規也大為不同。

3 可移動的隔間收納櫃

2間房當1間使用時收納櫃設置在牆邊，需要隔成2間房時收納櫃當隔間使用。因應生活模式的變化房間的使用方式也跟著改變，隔間可以隨時調整很方便。只是要注意使用收納櫃當隔間，隔音和遮光效果可能會不佳（參考175頁圖）。

隨著年齡成長可以變更內部隔板的衣櫥範例

年齡	小學生						國中生			高中生		
	6	7	8	9	10	11	12	13	14	15	16	17
男	116.5	122.4	128	133.6	138.9	145.1	152.5	159.7	165.1	168.3	169.8	170.7
女	115.5	121.5	127.4	133.4	140.1	146.8	151.8	154.8	156.4	157	157.6	157.9

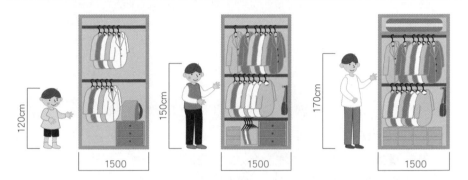

年紀小的時候需要父母的幫忙，長大後手可以碰觸的高度和收納方式也會改變。小孩房的衣櫥，要選擇內部隔板可以隨著年齡成長變更位置的樣式。

不使用屋頂內部空間的閣樓設置範例

室內若設置閣樓空間，則不受法規上天花板高度的限制。小孩房因為有閣樓成為有變化的有趣空間，上下層的關係可有效利用，閣樓的下方可以成為客廳的挑空空間。

4 腳邊＋800mm 的高度追加設置扶手防止摔落

安全考量‧電器設備等

　　小孩房的使用從幼兒期到成人，會增加很多的物品而產生雜亂，需要安全對策的考量。小孩有時熱衷於遊玩而導致注意力散漫。因此，防止從窗戶墜落的對策極為重要。

1 安全的考量

　　2樓的窗台高度若**不到800mm**，為了**防止墜落**，請依照高度基準設置**扶手欄杆**。窗台的高度若**不滿650mm**，由窗台高加上800mm的扶手欄杆，欄杆間距**110mm以內**（住宅性能評估‧高齡者等考量對策等級5）。

　　窗邊若擺床等小孩可以爬上的家具，墜落的危險性極高。非得在窗邊擺床，請設置**床的高度＋800mm**的**扶手欄杆**。

　　有高度的家具即使已經做好防止傾倒措施，也是會有小物品掉落的危險。不得已非得設置，避免睡覺時的意外事故和確保避難通道，不要設在床邊和出入口附近。

2 電器設備的配置

　　房間的用途不是只有睡覺，還有讀書、遊玩等其他的使用方式。在房間的中央設置吸頂燈，可以讓房間整體明亮。

　　隨著小孩成長，家電用品增加或是家具配置改變，考慮在房間的各面牆壁分散設置插座。其他像是空調和感應警報器的設置請參考（「10 主臥室4」）。

防止從窗戶墜落的措施

窗台高度和扶手欄杆的關係

窗台高度650以上、不到
800mm（地面＋800mm
以上的扶手欄杆）

300以上、不到650mm
（窗台＋800mm以上的
扶手欄杆）

不到300mm（地面＋
1100mm以上的扶手欄杆）

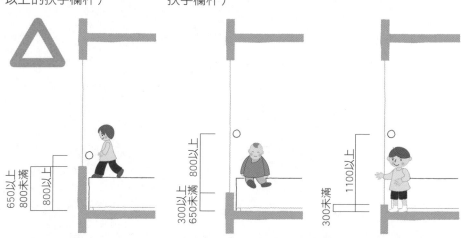

即使依照基準設置扶手欄杆，窗邊若擺放床，小孩會站在床邊增加從窗戶
墜落的危險。視狀況採取適當的防止摔落對策。

窗戶和床的位置關係

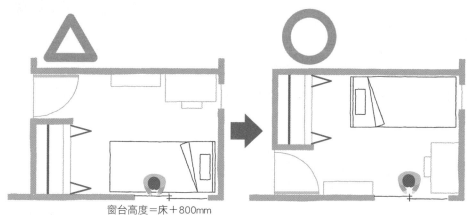

窗台高度＝床＋800mm

窗邊擺放床有墜落危險的範例。防
止墜落的措施，將窗戶位置提高，
或是加裝扶手欄杆或是加鐵窗。

床不擺放窗邊的範例。門和收納的
位置需要調換。

不要成為空巢

小孩長大獨立後，只有夫妻兩人生活的家庭被稱為空巢。常常可見原本朝南條件最好的小孩房，因為小孩離家後變成倉庫，沒有被有效的利用。

小孩在幼兒期至少年期（國中）階段在父母的保護下成長，過了這個階段之後進入「同居人狀態」，之後孩子出社會獨立。對父母（家）來說，育兒期之後的時間更長，孩子獨立離家後，夫妻自己的生活方式和家的活用方式是更重要的課題。

不只是小孩房，為了減輕父母日常生活的負擔，常見將臥室移至1樓、2樓閒置的例子。此時2樓的活用方式，像是加裝電梯、小孩房改成為夫妻各自的房間（夫妻分房、休閒的房間）；或是可以考慮重新裝修日照通風良好的2樓，設置LDK和臥室等主要生活空間，1樓則出租的使用方式。

但是現在所謂的單身寄生族，即成年後基本生活所需仍然依靠父母的子女人數逐漸增多，小孩房一直不會空出來的例子愈來愈多。年輕人的就業狀況不穩定，或是父母本身的經濟狀況，今後空巢化的進展變得不明確。

因此，設計住宅時不能只考慮育兒期，未來的使用狀況等都要一併計畫。

12

倉庫・衣帽間

確保必要的收納空間所在的場所有必要的地板面積

1 收納空間的設計重點

一般收納所需要的地板面積為**12 ㎡以上**（包含玄關收納、廚房、化妝洗臉台等櫃子），約**總地板面積的10%以上**。收納空間不足的房子，物品散亂會讓房間變狹窄。確保必須要有足夠的收納空間。

2 綜整機能和要素

規劃時可以將倉庫或是衣帽間等大型收納，做為共用收納或是個別收納的補足。

收納類別	必要空間	關連物品
大型收納	倉庫、衣帽間、屋頂和天花板之間的空間收納、閣樓收納等	衣櫃、衣服、寢具、季節性家電、戶外用品、洗衣備品、節日擺飾品等
個別收納	主臥室、小孩房、和室等	衣服、寢具、坐墊、其他參考各項說明
共同部分收納	外玄關、客廳、餐廳、大廳等	參考各項說明
收納櫃收納	玄關收納、廚房、洗臉台、廁所洗手台等	

3 標準格局

本處將說明隨著收納物品的不同，倉庫的尺寸也會不同。太大的收納空間反而浪費，太小則會造成衣櫃門無法打開等問題。除了衣櫃和衣服以外，設有吸塵器放置處，或是鄰接陽台可以收納洗衣用備品的預備空間，會很方便。嫁妝的衣櫃等不要放置在房間，應該收在倉庫裡，可以預防地震時傾倒的意外事故。

倉庫等的標準格局

寬度2.25m（衣櫃×衣桿）

規劃能照亮整體房間的照明。
插座除了吸塵器用，也要適當
設置其他家事用的插座。

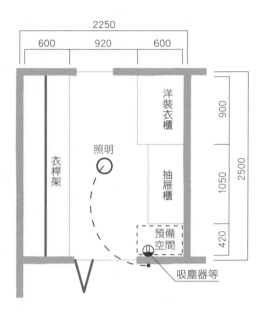

寬度2.25m（衣櫃×隔層櫃）

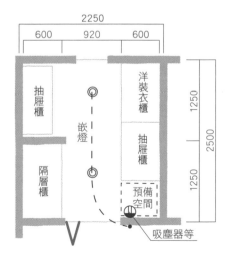

寬度2.0m（衣桿）

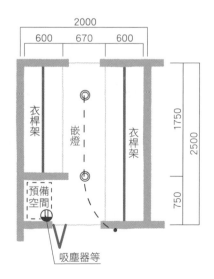

抽屜可以使用的通道寬度約 1.0m

必要空間

1 通道‧作業寬度

使用衣櫃收納時，衣櫃前方需要有開關抽屜和門的活動空間，確保**洋裝衣櫃**（雙開門）前方有 850mm 以上、抽屜櫃 1.0m 以上。

通道兩側設置衣桿架時，中間需要有 600mm 以上的距離。如果能距離 700mm 以上，**即使手上有拿東西也可以通行。**

2 衣櫃尺寸

衣櫃有洋裝衣櫃、抽屜櫃、和服衣櫃等種類。嫁妝的家具組若並列設置至少需要 3m 以上的空間。一般縱深尺寸的**洋裝衣櫃**（平開門）為 600mm、**抽屜櫃**為 450mm，也有全部都統一縱深 600mm 的成品，普遍寬度約 900mm 至 1.2m、高度約 1.8m 以下。常用的衣櫃可設置在和臥室併設的衣帽間裡，其他的衣櫃可以收在倉庫裡。

3 衣服‧寢具收納

衣桿架的縱深如果是**掛外套**需要 600mm、**褲子用** 450mm。褲子用的衣桿架往外移動也可以掛外套。除了掛衣服用的收納空間，也要有抽屜式的收納，專門收納摺疊好的衣物和小物品。

榻榻米上鋪床墊就寢的室內空間，需要有壁櫥來收納床墊；如果是睡床鋪，家族人數的床單、毛毯等一起收進倉庫更有效率。倉庫裡設置棚板因應各種收納物品。

倉庫等的必要空間尺寸

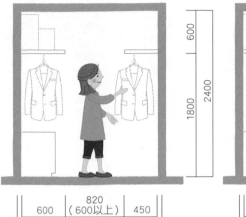

確保通道・作業寬度以及衣櫃
或是衣桿架的配置，讓使用上
沒有阻礙。另外，衣桿架的下
方設置抽屜櫃式的收納方式，
確定平面和立面都能有效利用
空間。

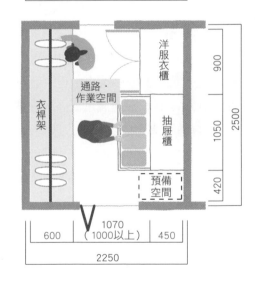

一般的衣櫃尺寸

種類	縱深（mm）	寬度（mm）	用途
洋裝衣櫃	600	900	衣服使用衣架掛著收納
抽屜櫃	450	1050	衣服、內衣摺疊收納
和服衣櫃	450	1060	和服的收納

出入通道寬度單側是 1.25m 以上

和其他空間的連結・換氣

1 和走廊・樓梯的連結方式

家具搬出搬入的路徑請事先確認。走廊若有彎曲，單側通道寬度 **1.25m，家具等其他物品、輪椅都可以方便通過**。若使用雙片推拉門，開口寬度夠不需要拆掉門板即能靈活應用。

2 屋頂下方空間的活用（參考「11 小孩房3-2」）

屋頂下方的空間，即**天花板高度 1.4m 以下且不到地板面積的 1／2**，不需要算入地板面積也不用當1樓層計算。只是如果有固定的樓梯判斷基準會不同，請向所管行政單位確認。

屋頂下方空間的收納，請由走廊或是大廳等和天花板可用梯子上下的地方連結。為了方便爬梯子，**梯子的前方**要有 1.0m 的空間，**爬上梯子後**需要 500mm 以上的空間。

閣樓收納是利用同一空間內的屋頂下方空間，做為收納和遊戲室使用。若要能掛上 **8 尺長的梯子**，需要**高度約 3.2m 以上**的牆壁。天花板做成斜面讓上下梯子不會撞到頭。

3 換氣

換氣對策推薦設置窗戶。沒有窗戶則要設置換氣扇。窗戶設置在比**一般衣櫃高度（1.8m）還高的位置**，選擇有高處用的操作把手的樣式，即使房間格局改變也不會有使用上的問題。窗戶的樣式選擇可以外推的下懸窗，雨水不會噴進屋內，雖然不能往內推也不會影響內部空間。

倉庫門選擇雙片推拉門，通道寬度1.25m以上

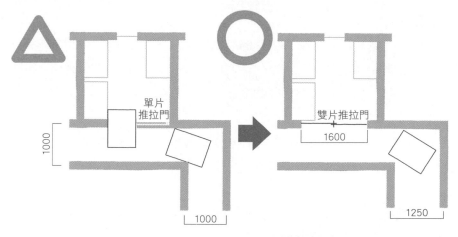

雙片推拉門，拉開門後開口寬度大，搬衣櫃進出也容易。

屋頂下方空間的活用

屋頂下方使用
可摺疊收納梯子的範例

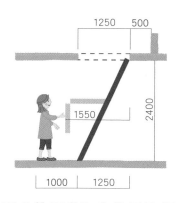

主要收納不常取出使用且輕的物品，當做大容量的收納空間使用。

閣樓收納的範例

若設置成小孩房，做為睡覺的地方太悶熱，可以做為收納或是遊戲的場所。照明和插座等電器設備須完備，以便因應其他廣泛用途。

租借倉庫

　　新建住宅時，即使考慮再周到的收納空間，不知道何時開始變得不敷使用，家中到處都是物品。因為生活週期的變化，倉庫不得不變成為書房或是讀書房間，物品變得沒有收納之處。總是在煩惱收納空間不足。

　　就像是當自己土地沒有足夠的停車空間時，會向外租借停車場。收納空間不夠時，或許可以考慮租借收納場地（出租倉庫等）。

　　可以寄放在出租倉庫的東西，像是節日的擺飾品等這些很少會使用但又捨不得丟掉的物品。電風扇、暖氣機等季節性的家電。滑雪、滑水等運動用品。雪地用輪胎等又重又大難以收納的物品。也有是因為自己家中溫度、濕度管理困難，難以保管高價的衣服或是美術品。或是即使家中的收納空間還夠，考慮到分散風險的觀點，使用專門的保管倉庫。

　　美國有10%的家庭會利用出租的寄物倉庫，日本雖然還不是很普及，想必今後在寸土寸金的首都圈，也會有不少普通家庭利用租借倉庫吧。

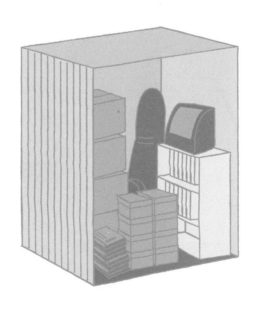

13

陽台

考慮晾衣服以外的用途決定寬度和縱深

1 陽台空間的設計重點

近年因為建築基地的大小和安全性的關係，**小孩的遊戲場所、花園、戶外客廳**等用途庭園改為在陽台進行的範例愈來愈多。設計時當然要確保不同用途的相對應的陽台面積，也必須考慮隱私、安全、防犯等多方面需求。

2 綜整機能和要素

晾衣服和休閒的時間等，試著找出各種使用陽台的可能性。

生活行為	關連物品
晾衣服	晾衣桿、晾衣用金屬用具、晾衣架、屋簷、拖鞋
晾床墊	
遊玩・飼養	玩具、拖鞋、寵物屋、飼料、水栓
園藝	花盆、水栓、延長水管、園藝用具・材料、燈飾、拖鞋
休閒・用餐	桌子、椅子、照明、電源、拖鞋
保管・清掃	垃圾桶、水栓、陽台洗手台、延長水管、電源、晾衣和園藝用具等
其他	空調室外機

3 標準格局

做為「晾衣＋庭園」使用的陽台範例和陽台的種類。確保適合各種使用目的的陽台面積，在設計空間構成時必須考量上下樓層的平衡。

陽台的標準格局

客廳餐廳廚房若設在2樓，餐廳前方是晾衣空間、客廳前方是庭園空間，這樣客人來訪時也不會看到晾衣服處。2樓若是臥室，主要的陽台前面是主臥室。設置防犯燈、夜間晾衣用照明時，要注意設在室內看來不會刺眼的位置，約是**陽台＋2m**的高度。

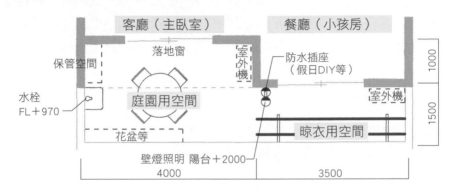

陽台的種類

懸臂陽台
由外牆懸壁凸出的陽台，縱深約1～1.5m。

屋頂陽台
利用樓下的屋頂做為陽台，縱深可以比較長。

涼廊陽台
牆壁和屋頂所圍成的半開放式陽台。

1 4人家族的晾衣桿必要長度是7m

必要空間

　　陽台做為晾衣服的場所，設計規劃時要注意日照充足、家事動線便利，晾乾衣物收進屋內要有折衣服的場所。考慮隱私，避免只能從小孩房進出陽台的配置。出入口若只能有1處，請設置在主臥室或是大廳。

1 晾衣場所

　　4人家族的衣物、毛巾或床單等約有10公斤。這些衣物要一次晾完需要約7m（3.5m×2支）的晾衣桿，設想陽台的寬度要能掛2支晾衣桿，至少需要有3.5m以上空間。

　　2支晾衣桿並列使用所需要的作業空間為600mm，桿和桿之間的間隔300mm、桿距離牆壁300mm來計算，陽台需要的縱深是1.5m。如果陽台縱深只有1.0m，**很難只掛1支晾衣桿**，所以陽台寬度要7m以上。

　　若於屋簷下晾衣服，出簷有800mm以上，或是設計成涼廊陽台，下雨也不怕衣服淋濕。

　　固定式的晾衣金屬道具有外牆用、陽台腰壁用、屋簷下用，各自都可以設置2支以上的晾衣桿。比起沒有固定的放置型晾衣台，不用擔心強風時會被吹倒。

2 晾床墊場所

　　4人分的床墊一次晾完需要5m的寬度。也有家庭是使用床墊乾燥機或是床墊吸塵器，所以不需要晾床墊，請事先跟業主確認。

3 其他

　　陽台當做園藝和遊玩空間時，為了不要弄髒晾衣區的衣服，能和晾衣區分開是最理想。其他還必須要確保晾衣服用具和園藝用具的保管、空調室外機或是水栓（陽台洗手台）等空間。如果2樓沒有洗臉台等給水設備，可以使用屋外陽台的水栓打掃室內。

陽台的必要空間尺寸

陽台的寬度

為了方便晾衣服，縱深1.5m時寬度3.5m、縱深1m時寬度7m。

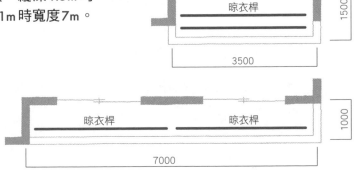

陽台的縱深

設置2支晾衣桿的標準尺寸範例

考慮晾衣服的便利性、衣服不會被雨水淋濕、外觀（不容易被看到晾的衣物）等因素來決定。

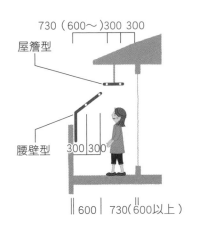

2 可防止墜落、遮蔽視線的有效扶手欄杆高度

考量安全・隱私等

1 陽台的欄杆和出入口的高低差

住宅性能評估・高齡者等考量對策等級中有規定防止摔落的扶手欄杆高度以及陽台和室內的高低差。

陽台腰壁高度不滿1.1m時，請加設**防止墜落扶手欄杆**以符合安全高度基準。欄杆的間距**110mm以內**。

陽台和室內的出入口高低差要在**180mm以內**。如果高低差過大，**設置踏台或升降用的補助扶手**，可減輕日常生活負擔。

2 遮蔽外部視線的陽台和欄杆

若是設置陽台，即使是落地窗也能遮蔽屋外路人的視線，保護住家隱私。

扶手欄杆的高度比一般標準再高一些的約**1.5m**，也能**有效遮蔽由鄰居的窗戶而來的視線，確保室內環境平穩**。視線停留在陽台的牆壁上，也有視覺上變寬廣的效果。

3 2樓窗戶和陽台腰壁的防範犯罪對策

一般2樓的窗戶較不容易侵入，但是要注意面1樓屋頂或是陽台的窗戶，如果距離**1樓屋頂的水平距離0.9m以下**，或是和**開口部下端的垂直距離2.0m以下**，侵入者可以踩著1樓屋頂爬上窗戶進入，是危險且容易被侵入的窗戶樣式。推薦使用有防犯對策的窗具和玻璃（參考78頁）。

和保護隱私的考量相反，陽台的腰壁高度過高會形成閉鎖空間，防犯性能也不佳。建議腰壁採用玻璃，由外部也能確認的材質防犯效果較佳。

欄杆和高低差的尺寸

住宅性能評估．高齡者等對策等級5的範例。建築基準法並未規定2樓陽台的扶手欄杆高度，但是為了防止墜落一定要考慮因應對策。

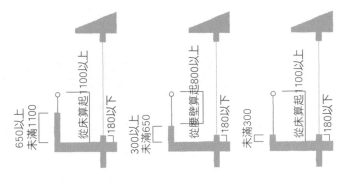

保護隱私和防範犯罪

設置陽台遮蔽視線，即使是落地窗也不用在意外面路人的視線。

陽台腰壁比視線高度高，雖然能保護隱私，但是防犯性不佳。

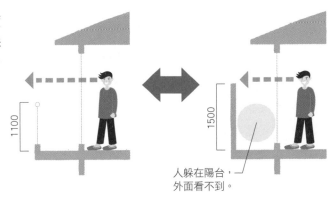

人躲在陽台，外面看不到。

後記

　　針對設計者或是消費者舉辦的有關住宅的座談會上，一定會說到「衣、食、住」的話題。衣、食、住都是生活基本所需，缺一不可。

　　那麼，「住」和「衣」「食」哪裡不同？有什麼特徵呢？

　　「衣」是隨著季節和用途需要更換。身體成長衣服會穿不下。流行週期短、價格便宜且大量生產的快時尚衣服相當普遍。使用一輩子這句話或許現在沒人說了。「衣」是必須要汰舊換新，能夠隨心所欲挑選尺寸和設計。

　　「食」是1天要定時吃3餐。今天的餐廳不合口味，明天就換1家。提供便宜、迅速、規格化餐點的速食餐廳也到處都是。「食」是每天都會消費，可以選擇喜歡的店家和菜單。

　　「住」不能像衣服一般，隨著成長（家族構成的改變）或是流行（外觀的流行趨勢）的變化，輕易的搬家或是改建。不能配合家族人數隨意地變寬廣或是變狹窄，或是隨意地將和式的住宅改為洋式現代風格的住宅。並且不像食一樣消費週期短，一旦興建一次住宅後，可能就沒有下一次機會了。

　　「住宅」的設計固然不能完全仰賴建築師，然而設計品質也無法要業主承擔。設計師要負起責任擔保，不能擔保品質的設計就不該提案給業主。那麼交給專業就沒問題了嗎？

　　現在大多數的新建住宅：都是依循業主意向的方式進行「自由設計」。對於設計者來說，重視業主的想法很重要：但是對於站在鏡子前面無法判斷優劣的客人，提供諮詢的能力也是必要的。業主想要那個空間做何用

途？想要在那個空間做什麼事？和業主一起考慮，實現符合業主期望的大小和房間，成為生活舒適的住宅。

　　本書的內容，住宅設計相關的專業人士、考慮購買或興建自用住宅的人都可以參考。做為平面格局的第2觀點，參考本書的尺寸基準，再次檢查已經決定的平面配置或是尚在修改中的平面配置。對於空間的機能，若和業主的溝通提案不足，請再次和業主一起討論規劃。

　　一生最多只有一次的興建自用住宅的機會，把握這個機會成為日後美好生活的開始。耐震或是隔熱性能等可以用數字表示，希望無法數值化的「舒適的住宅」因為活用本書而得以實現。

國家圖書館出版品預行編目資料

圖解住宅尺寸全書 / 堀野和人, 黑田吏香著；陳春名譯. -- 初版. -- 臺北市：易
博士文化, 城邦文化事業股份有限公司出版：英屬蓋曼群島商家庭傳媒股份有
限公司城邦分公司發行, 2021.06
　　面；　公分
譯自：図解住まいの寸法：暮らしから考える設計のポイント
ISBN 978-986-480-152-7(平裝)

1.房屋建築 2.室內設計 3.空間設計

441.58　　　　　　　　　　　　　　　　　　　　　110006455

DA1026
圖解住宅尺寸全書

原 著 書 名／図解住まいの寸法：暮らしから考える設計のポイント
原 出 版 社／株式會社 学芸出版社
作　　　　者／堀野和人、黑田吏香
原 著 企 劃／日本建築協會
譯　　　　者／陳春名
責 任 編 輯／黃婉玉

業 務 經 理／羅越華
總　編　輯／蕭麗媛
視 覺 總 監／陳栩椿
發　行　人／何飛鵬
出　　　　版／易博士文化
　　　　　　　城邦文化事業股份有限公司
　　　　　　　台北市中山區民生東路二段 141 號 8 樓
　　　　　　　電話：(02) 2500-7008　　傳真：(02) 2502-7676
　　　　　　　E-mail：ct_easybooks@hmg.com.tw
發　　　　行／英屬蓋曼群島商家庭傳媒股份有限公司城邦分公司
　　　　　　　台北市中山區民生東路二段 141 號 2 樓
　　　　　　　書虫客服服務專線：(02)2500-7718、2500-7719
　　　　　　　服務時間：周一至週五上午 0900:00-12:00；下午 13:30-17:00
　　　　　　　24 小時傳真服務：(02)2500-1990、2500-1991
　　　　　　　讀者服務信箱：service@readingclub.com.tw
　　　　　　　劃撥帳號：19863813
　　　　　　　戶名：書虫股份有限公司
香 港 發 行 所／城邦（香港）出版集團有限公司
　　　　　　　香港灣仔駱克道 193 號東超商業中心 1 樓
　　　　　　　電話：(852) 2508-6231　　傳真：(852) 2578-9337
　　　　　　　E-mail：hkcite@biznetvigator.com
馬 新 發 行 所／城邦（馬新）出版集團【Cite (M) Sdn. Bhd.】
　　　　　　　41, Jalan Radin Anum, Bandar Baru Sri Petaling,
　　　　　　　57000 Kuala Lumpur, Malaysia.
　　　　　　　電話：(603) 9057-8822　　傳真：(603) 9057-6622
　　　　　　　E-mail：cite@cite.com.my
美 術・封 面／簡至成
製 版 印 刷／卡樂彩色製版印刷有限公司

Original Japanese title: ZUKAI SUMAI NO SUNPOU
© Kazuto Horino, Ricou Kuroda, and The Architectural Association of Japan, 2017
Original Japanese edition published by Gakugei Shuppansha
Traditional Chinese translation rights arranged with Gakugei Shuppansha
through The English Agency (Japan) Ltd. And AMANN CO., LTD, Taipei.

■ 2021 年 6 月 1 日 初版 1 刷
ISBN 978-986-480-152-7
定價 800 元　HK$267

城邦讀書花園
www.cite.com.tw